目录

欧洲甜美风

自然风

简约风

古典风

休闲风

缝纫笔记

妈妈作为手作达人，
亲自为自己和女儿设
计了5种风格的服装

妈妈装

女儿装

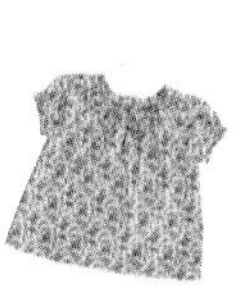

European Sweet Style

欧洲甜美风

运用小碎花印花布，使其展现甜美的欧洲风

设计和制作　村田茧子（a sunny spot）

小碎花连衣裙

换成圆形育克
是这件连衣裙的亮点。
小女孩的裙子全部使用小碎花图案的棉布，
会更加可爱。
妈妈的裙子使用的是素色的棉麻布，
是典型的简约设计。

How to make → P8
实物大纸型 A 面［ 1 ］（ 女孩 ）、A 面［ 2 ］（ 妈妈 ）

妈妈的连衣裙的育克及
后开口的贴边，用的是小碎花图案。

小女孩与妈妈的连衣裙都采用后开口设计，
妈妈裙子下摆的纽扣解开几个，走动时就能露出小碎花图案。

女孩子的
扇形褶皱连衣裙

领口包边的小碎花斜裁布条
使其具有时尚感。
再把小碎花棉布换成古铜色
的扇形褶皱布。
因与 P3 的款式相同，
所以能用同样的纸型制作。

How to make → P11
实物大纸型 A 面［3］

发圈

使用与连衣裙滚边
相同的小碎花布制作，
妈妈使用也可以。

How to make → P67

与 P3 作品的设计不同，在领口处使用滚边，
在后背的开口处用系绳系成蝴蝶结。

P3 与 P4 的连衣裙虽是同一纸型，
但花色不同，给人的感觉也不同。

女孩子的
针织开衫

不需要开扣眼的
外罩式开衫。
前门襟与领口处配上蕾丝，
可爱度立刻加分。

How to make → P66
实物大纸型 A 面［4］

与 P4 有雅致感的扇形褶皱连衣裙
相搭，也很适合哟！

与 P3 的小碎花连衣裙一起穿，
感觉更加甜美！

作者小档案

a sunny spot ／村田茧子

在网店售卖小孩及大人服饰，简单又可爱的设计特别受欢迎。她经常在杂志上发表作品，对出席各项活动也相当积极，目前是两个女儿的妈妈，孩子分别为 7 岁及 0 岁。
http://www.a-sunny-spot.com/

p.3

How to make

小碎花连衣裙

- **实物大纸型 A 面 [1]（女孩）、A面 [2]（妈妈）**〈1– 前育克（表布、里布）、2– 后育克（表布、里布）、3– 前身片、4– 后身片〉
- **女孩的材料**（100/110/120/130） 上等小碎花棉布 110cm × 100/110/120/130cm 亚麻布 110cm × 50/50/60/60cm
  黏合衬 5cm × 70cm 直径 1.1cm 的贝壳纽扣 9 颗
- **妈妈的材料**（M/L） 棉麻布 110cm × 200/210cm 上等小碎花棉布 110cm × 80/90cm
  黏合衬 5cm × 100cm 直径 1.5cm 的贝壳纽扣 11 颗
- **完成尺寸**（100/110/120/130、M/L）
  女孩的衣长 53/58.5/64/69.5cm 妈妈的衣长 93.5/98.5cm

裁剪图

〈女孩〉

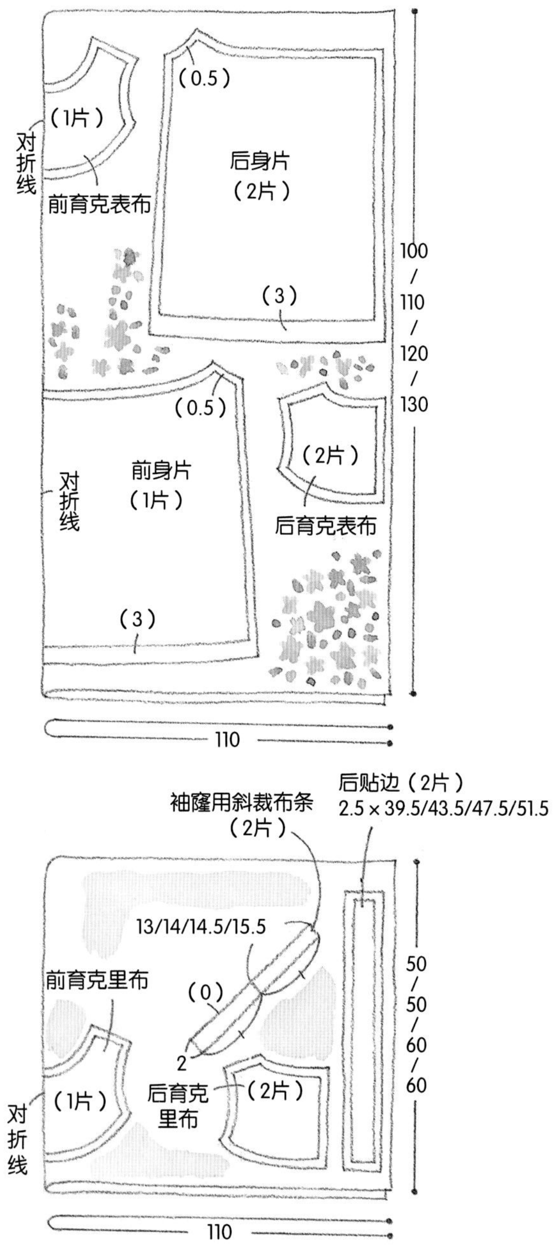

〈妈妈〉

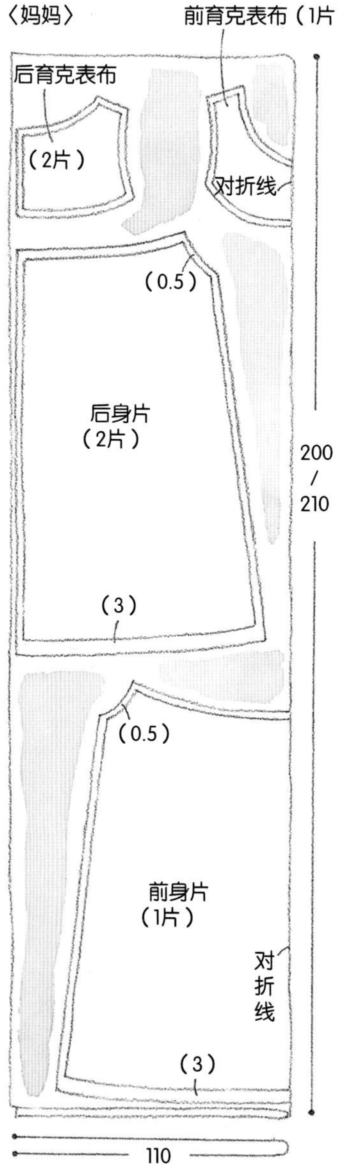

・除指定外，缝份皆为1cm
（ ）内为缝份

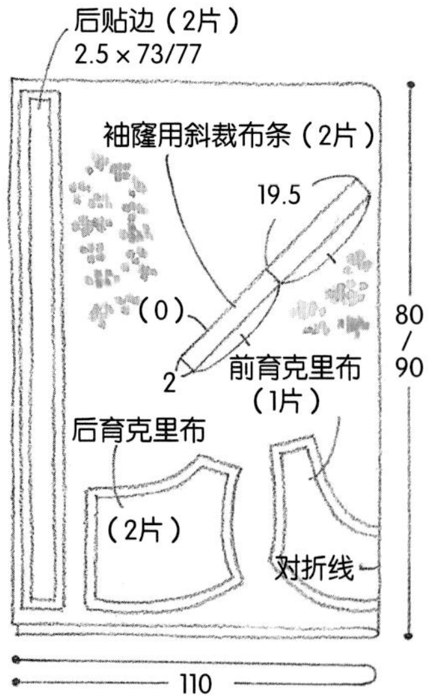

注：本书中材料、完成尺寸后面的（100/110/120/130）表示孩子的身高（cm）。
制作图中未标明单位的尺寸均以厘米（cm）为单位。

缝制顺序

1 参照裁剪图裁剪

※妈妈与女孩的衣服做法相同

2 在后贴边与后育克里布贴上黏合衬

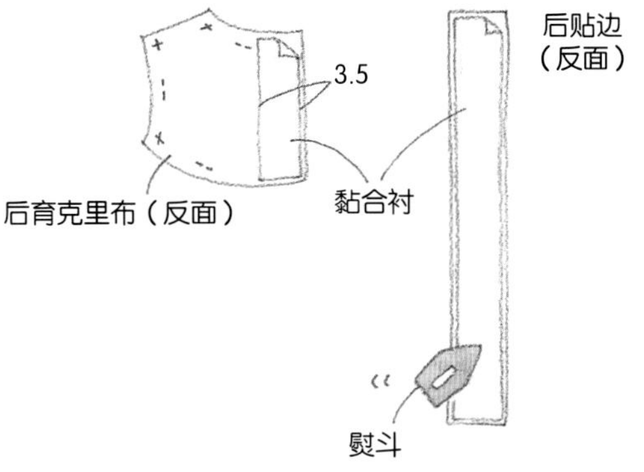

3 缝合肩部，完成育克部位

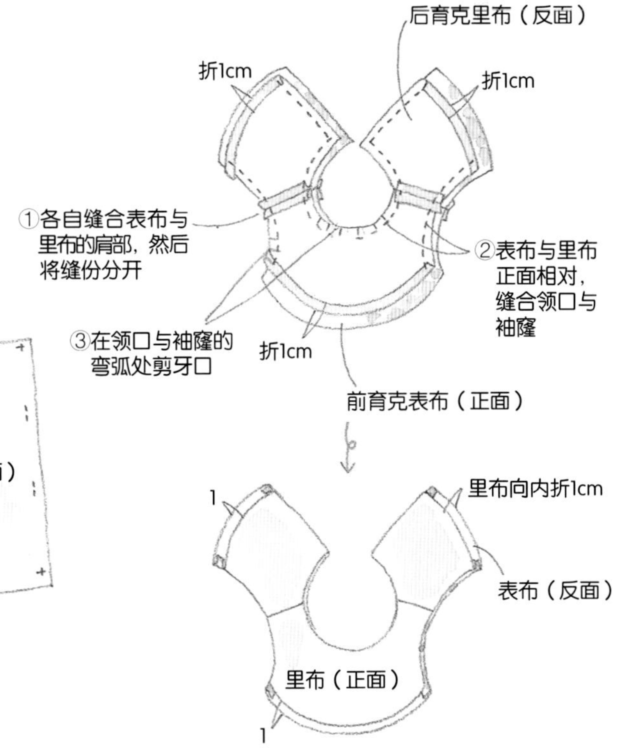

4 缝合侧缝

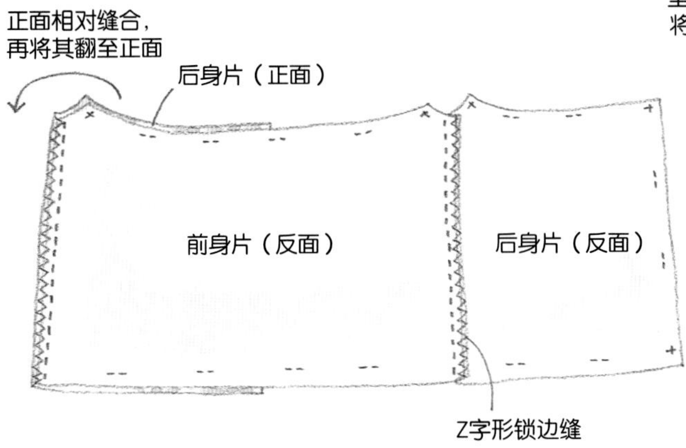

5 在后身片上缝上后贴边，缝合下摆

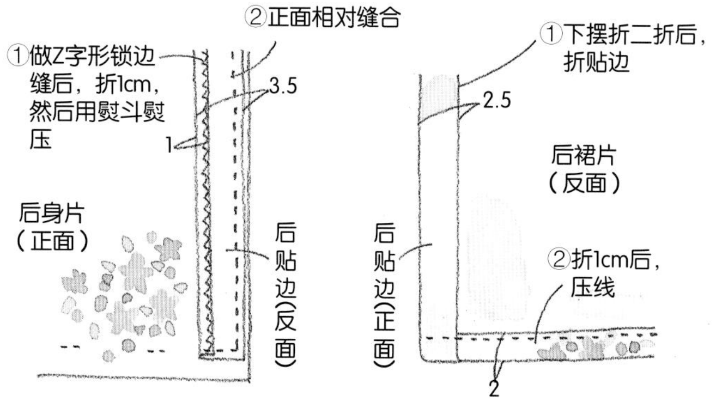

6 袖窿下的部分以滚边收尾

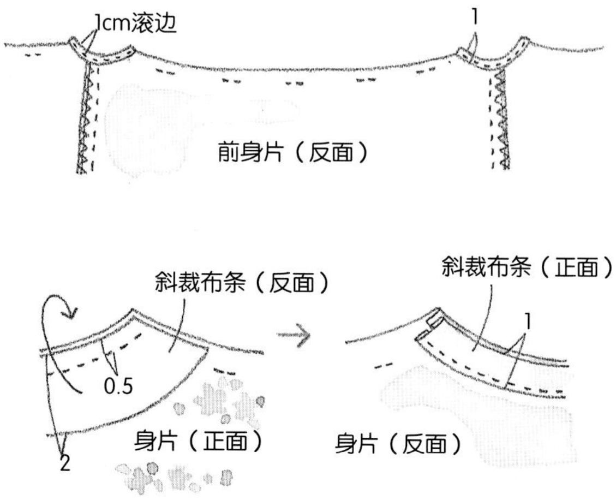

7 配合育克，在身片上抽褶

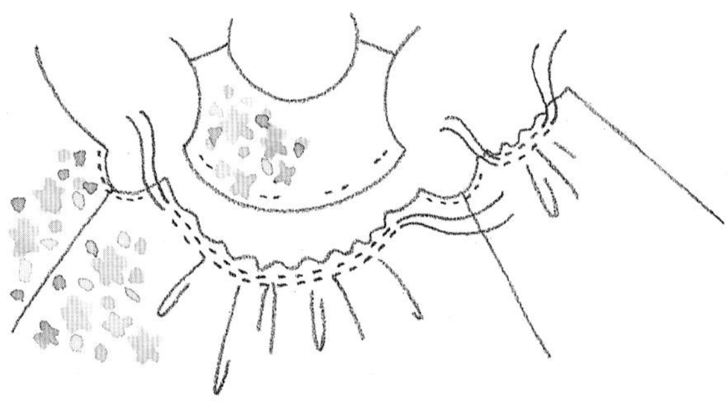

疏缝2条线，然后拉线抽褶
（抽褶的方法参照P63）

8 育克与身片正面相对缝合

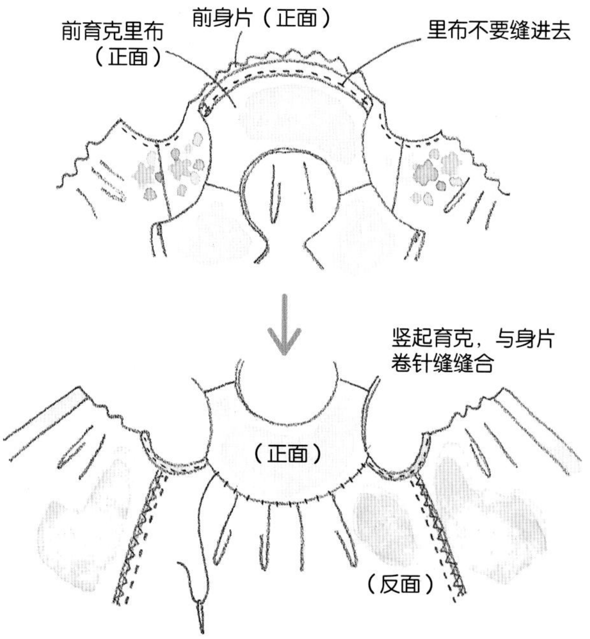

※后育克和后身片也用同样方法缝合

9 制作扣眼，缝上贝壳纽扣

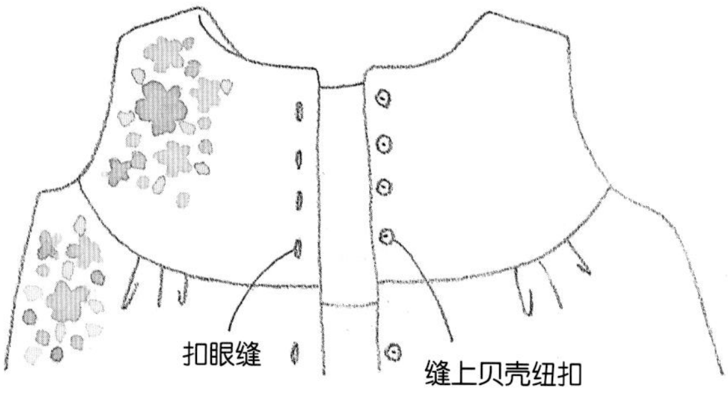

p.4

How to make

女孩子的扇形褶皱连衣裙

- **实物大纸型 A 面［3］**〈1- 前育克、2- 后育克、3- 前身片、4- 后身片、5- 后贴边〉
- **材料**（100/110/120/130） 扇形褶皱布 110cm×140/150/150/160cm
  上等小碎花棉布 45cm×40cm 黏合衬 7cm×15cm
- **完成尺寸**（100/110/120/130） 衣长 53/58.5/64/69.5cm
  ※ 除步骤 2、6 以外的做法与 P9、P10 相同

裁剪图

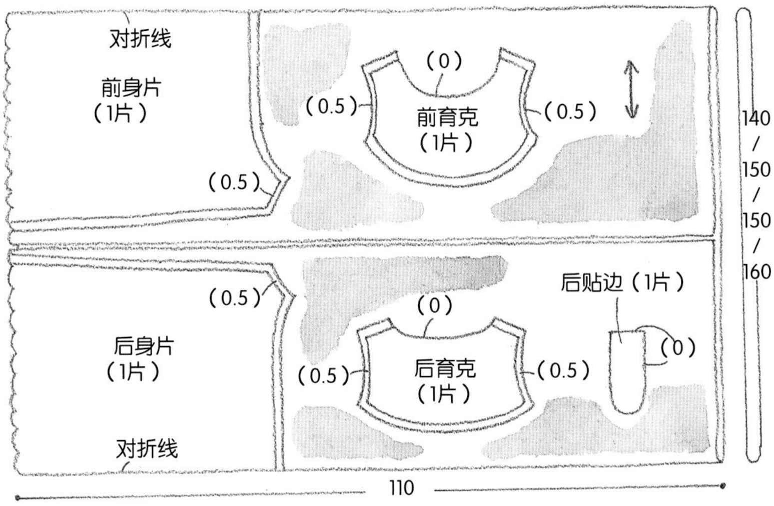

·除指定外，缝份皆为1cm
（ ）内为缝份

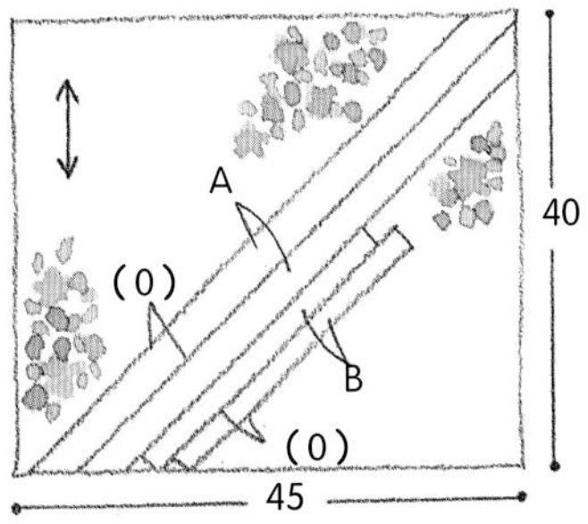

A. 领口用斜裁布条（1片）
3cm×92/93/94/95cm
B. 袖窿用斜裁布条（2片）
2cm×31/34/37/40cm

缝制顺序

1 参照裁剪图裁剪

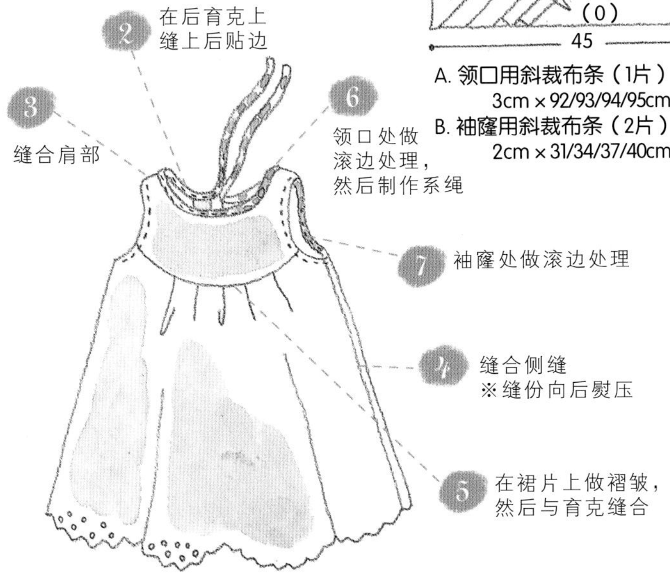

2 在后育克上缝上后贴边

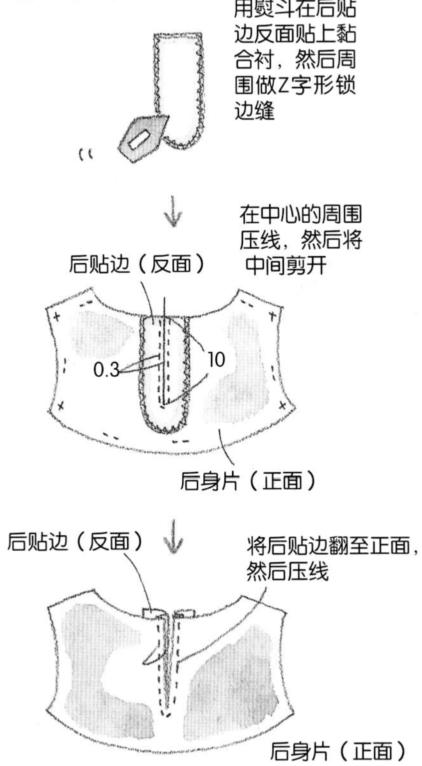

6 领口处做滚边处理，然后制作系绳

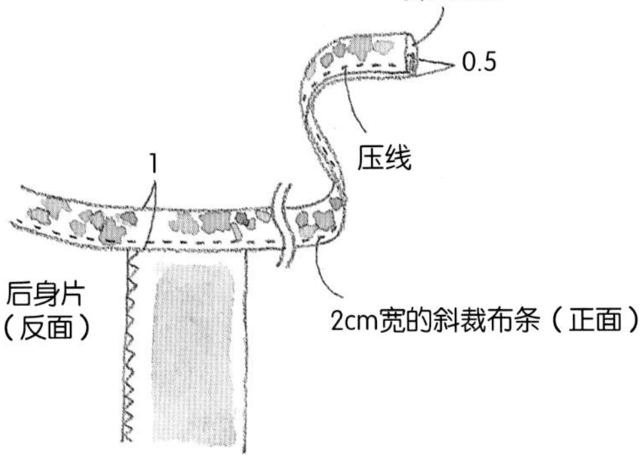

Natural Style

自然风

此款连衣裙用纯天然素材制作，穿着舒服又时尚

设计和制作　菊池聪子（sucre creme*）

原色亚麻布
低腰连衣裙

将裙片的拼接位置下降，
完成线条利落的
低腰连衣裙。
女孩穿的是可爱的蓬蓬短袖，
妈妈穿的则是简单的短袖。

How to make → P18、21
实物大纸型 B 面［6］（女孩）、B 面［7］（妈妈）

女孩与妈妈的连衣裙都是背后开口的设计。
女孩的连衣裙在后贴边处缝上蕾丝，更显俏皮。

妈妈的衣服是用原色印花亚麻布制作的，
整体设计比女孩的裙子长。

46

妈妈的V领高腰长上衣、围巾与同款亲子直筒牛仔裤

清爽纯白的亚麻布制成的
V领高腰长上衣，
搭配亚麻布上饰以蕾丝的围巾，
再加上弹性较好的牛仔布料做成的直筒牛仔裤，
这三者真是绝妙组合。

How to make → P68（妈妈 高腰长上衣）
P79（围巾）、P70（直筒牛仔裤）
实物大纸型B面［8］（妈妈 高腰长上衣）、B面［10］（女孩 直筒牛仔裤）、A面［5］（妈妈 直筒牛仔裤）

妈妈的V领高腰长上衣，与P17的
蛋糕裙一起穿的话，效果也会是非常棒的！

直筒牛仔裤的裤脚松松地垂着，
这是相当可爱的长度。

女孩子的
方领高腰长上衣

胸前有褶子的
方领高腰长上衣。
即使单穿，也是很可爱的衣服。
这与 P14 的方格高腰长上衣
是使用同一纸型制作而成的。

How to make → P22

实物大纸型 B 面［ 9 ］

在紫色衣服的领口、袖窿与口袋上，都用小碎花的斜裁布条包边，有画龙点睛的效果。

亲子
蛋糕裙

这是一条降低拼接位置的蛋糕裙，设计简洁，很适合内搭穿着。

How to make → P78

儿童围巾

亚麻布与蕾丝搭配，就完成了甜美的儿童围巾。

How to make → P79

作者小档案

sucre creme* / 菊池聪子

自小就非常喜欢制作手工艺品，现在则致力于儿童服饰及杂货制作。她在自己家开办 one day shop，也参加各项活动售卖商品。目前是两个女儿的妈妈，孩子分别为 8 岁及 5 岁。
http://www.net1.jway.ne.jp/sucre-creme/

p.13

Lesson 1

原色亚麻布低腰连衣裙（女孩）

- 实物大纸型B面［６］〈1－前身片，2－后身片，3－前、后裙片，4－袖子〉
- 材料（100/110/120/130） 亚麻布 110cm×90/100/110/120cm 直径 1.2cm 纽扣 5颗
  蕾丝 2cm×36/38/40/42.5cm 黏合衬 10cm×45cm
- 完成尺寸（100/110/120/130） 衣长 50.5/57.5/64/70.5cm

裁剪图

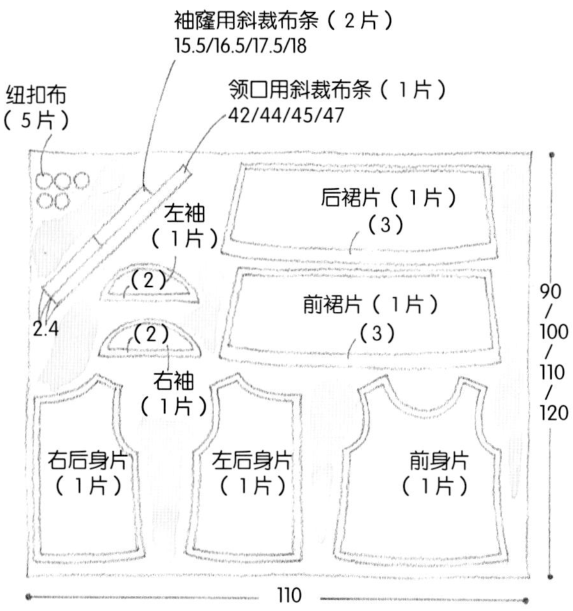

・除指定外，缝份皆为1cm
（ ）内为缝份

缝制顺序

1 参照裁剪图裁剪

2 缝合肩部

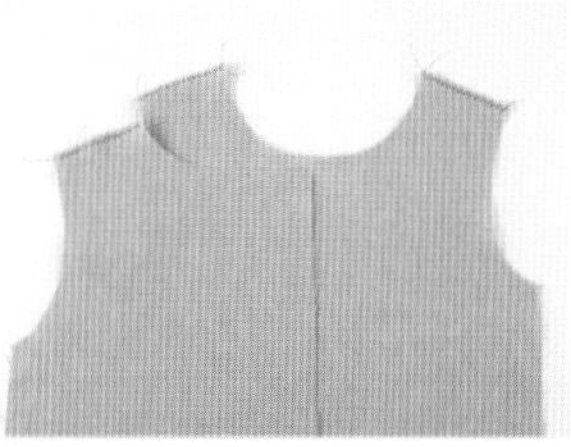

1 肩部的缝份边缘做Z字形锁边缝（4个地方都要）。

2 将身片正面相对对齐，缝合肩部。

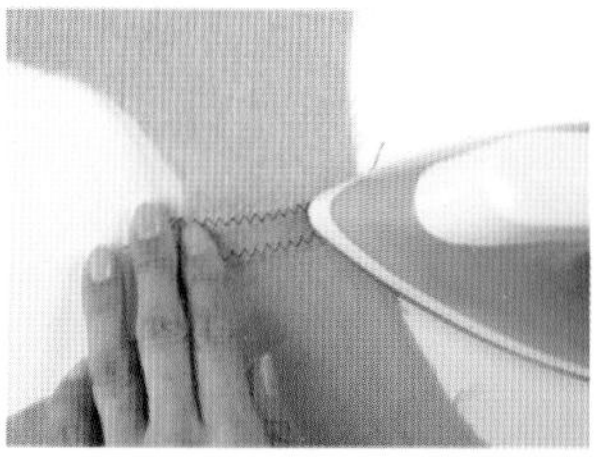

3 将缝份用熨斗分开。

3 折叠贴边，处理领口

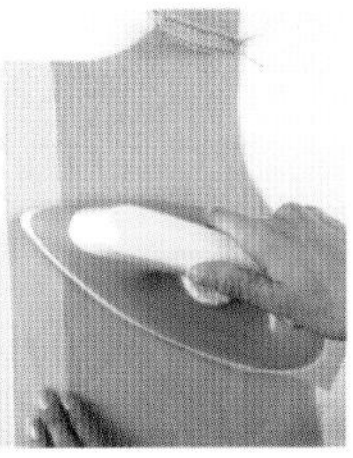

4 后开的贴边处贴上黏合衬（两侧都要）。

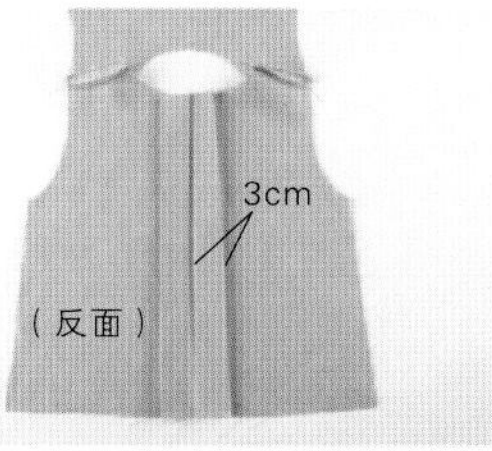

5 用熨斗将贴边折二折，预先做出折痕。

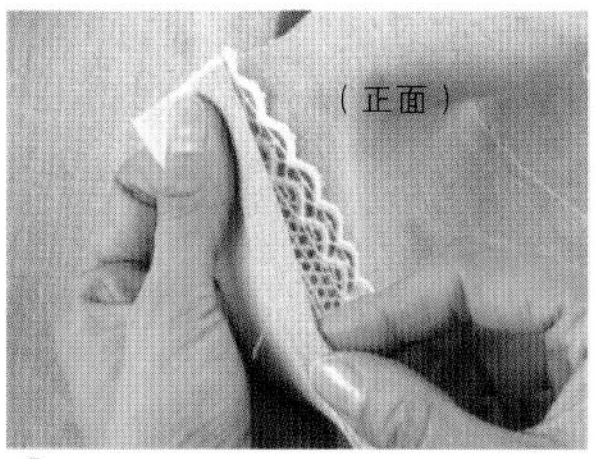

6 把贴边折至正面，这时在左后身片嵌入蕾丝（只有女孩的需要）。

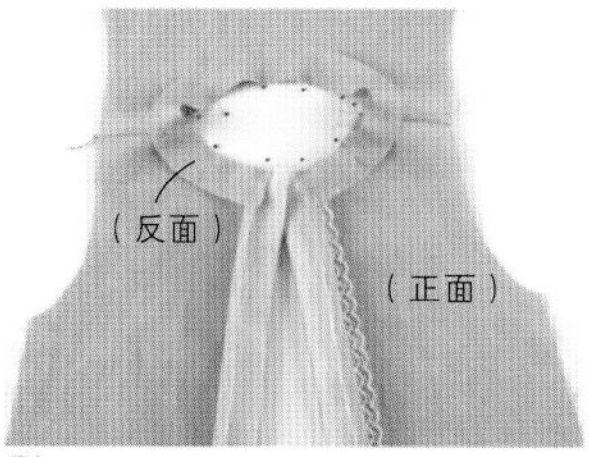

7 身片的领口正面相对，把斜裁布条用珠针固定（由贴边的缝份开始到缝份结束的地方）。

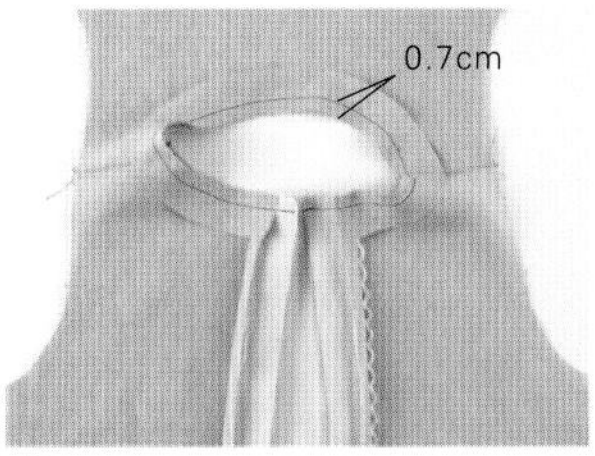

8 在0.7cm处，由边端缝到边端。

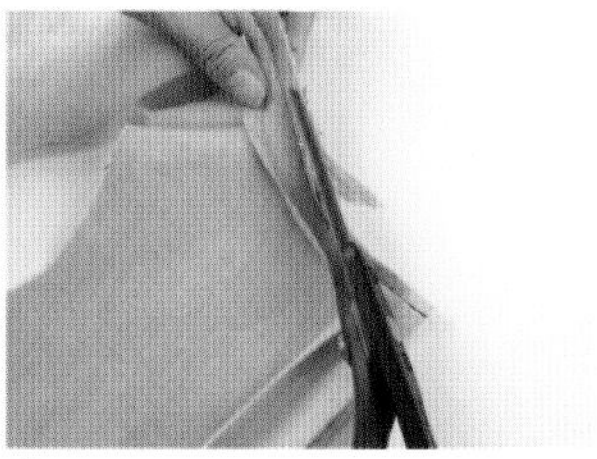

9 缝份留下5mm的宽度，其余全部剪去。

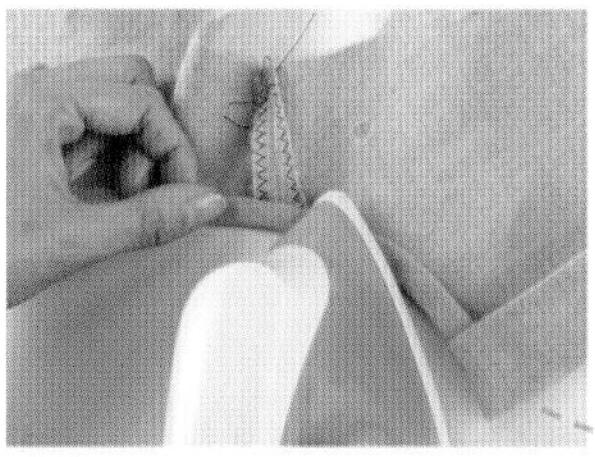

10 将贴边翻过来，把缝份包住似的用熨斗压折斜裁布条。

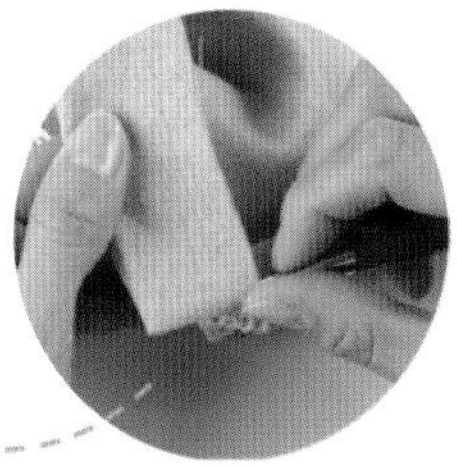

这时用锥子将贴边的角翻出，就能漂亮地完成。

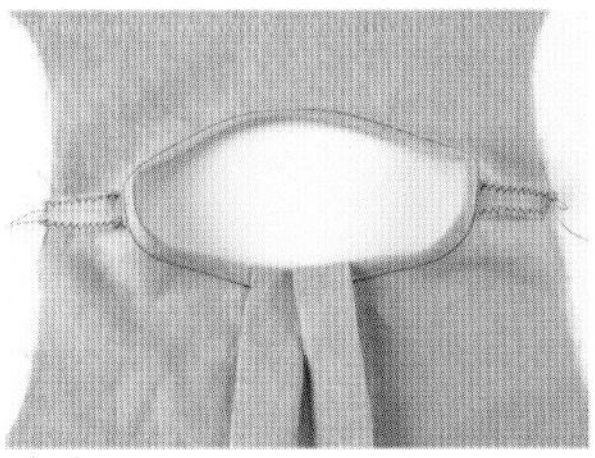

11 缝合斜裁布条。

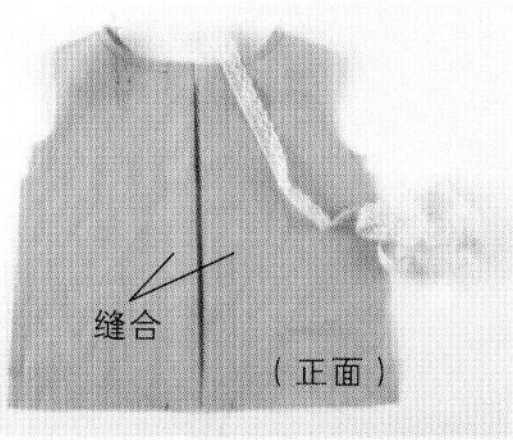

12 缝合贴边边缘，但不缝蕾丝。

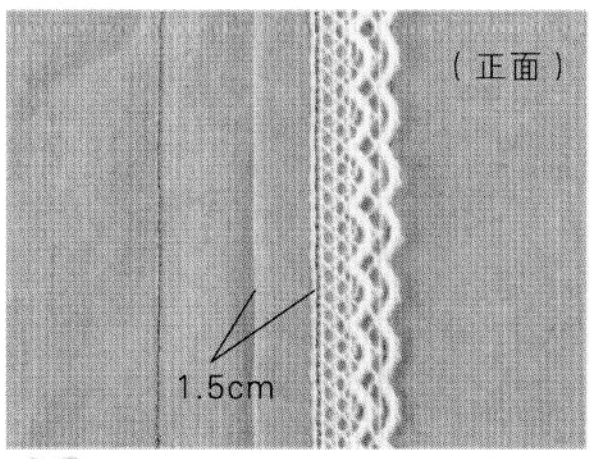

13 缝上蕾丝。

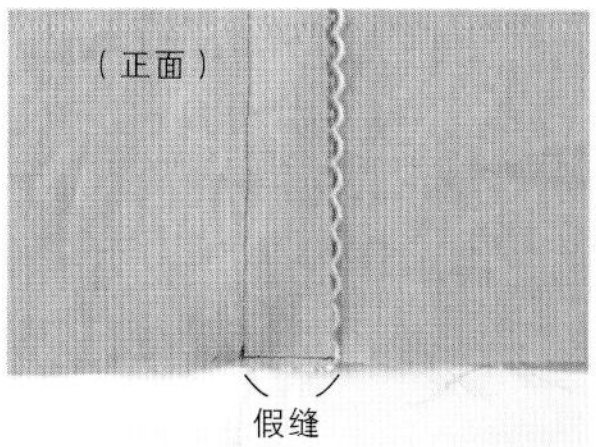

14 重叠对好贴边，然后假缝边端。

4 在裙片上抽褶，然后缝到身片上

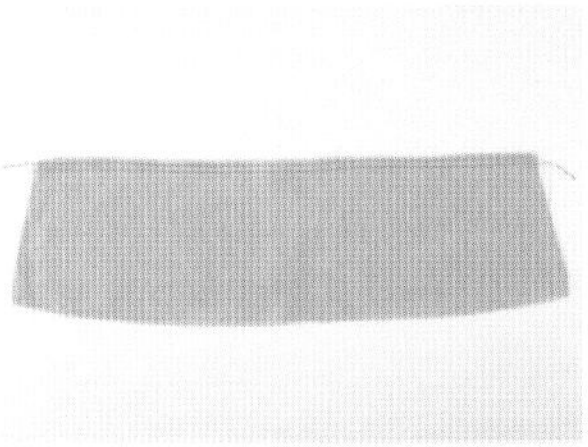

15 在完成线上、下2mm处疏缝2条线（参照P63）。

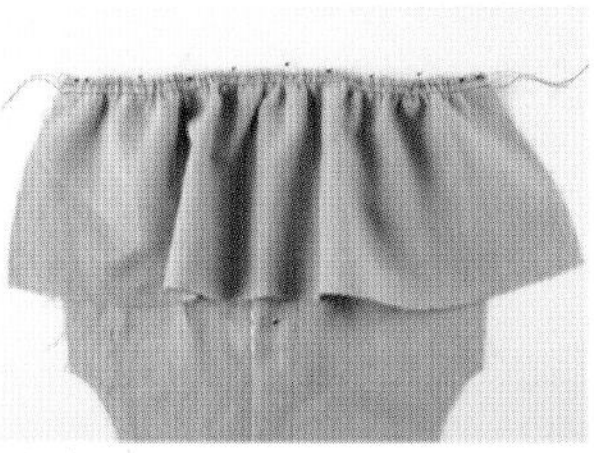

16 身片与裙片正面相对，先将两身片侧边及正中央用珠针固定，然后一边拉线抽褶，一边用珠针将整体固定。

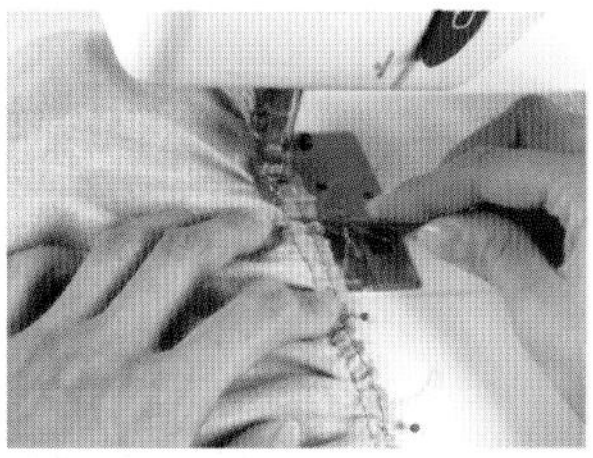

17 为使褶皱好看，可边用锥子压住边缝合，最后再将疏缝线拆掉。

方便的工具

锥子

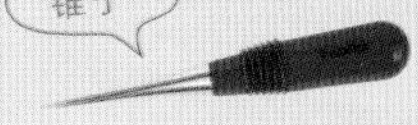

对于把褶皱凸起处压平缝合、机缝曲线、将布翻至正面、将线拆掉等，锥子是最适合做这些细微的缝纫工作了！

5 缝合侧缝

18 将2片缝份一起做Z字形锁边缝，然后熨压至身片侧。

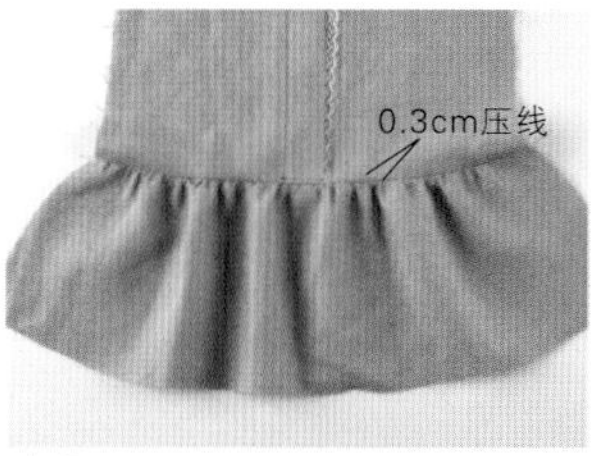

19 由正面做0.3cm的压线。

20 由身片到裙片，缝份全部用Z字形锁边缝处理，缝合，然后将缝份摊开。

6 制作袖子并缝上

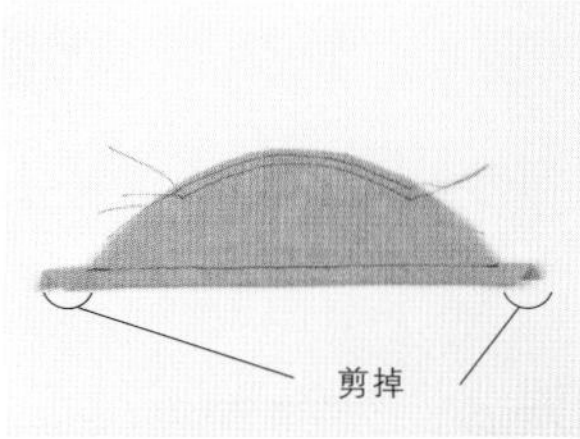

21 将袖口折二折后缝合，在袖山的完成线上、下疏缝2条线，再将袖口多余部分剪掉。

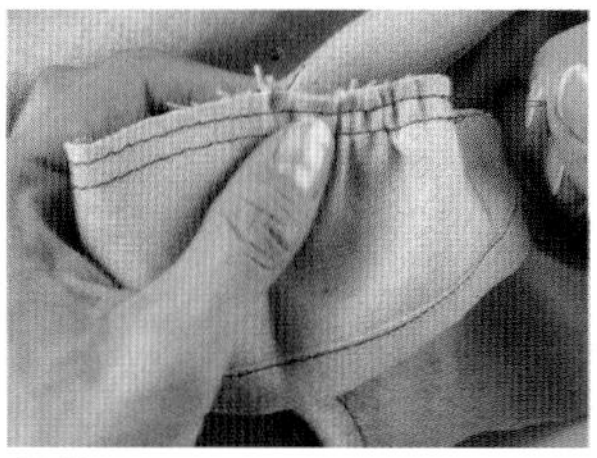

22 身片正面相对，在边上对齐记号，然后以珠针固定，拉抽疏缝线在袖山制作褶皱。

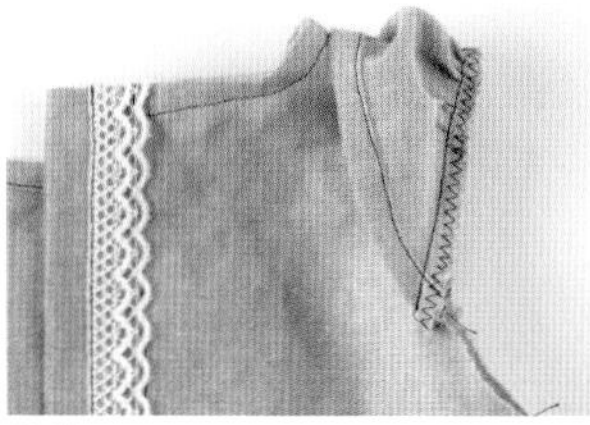

23 缝合。将2片缝份一起处理，然后熨压至身片侧。

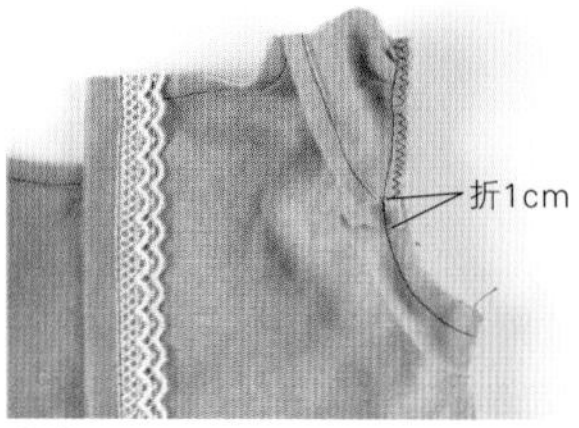

24 将袖窿用斜裁布条的两端折入1cm，用珠针固定缝合。缝份与领口相同，都剪成5mm。

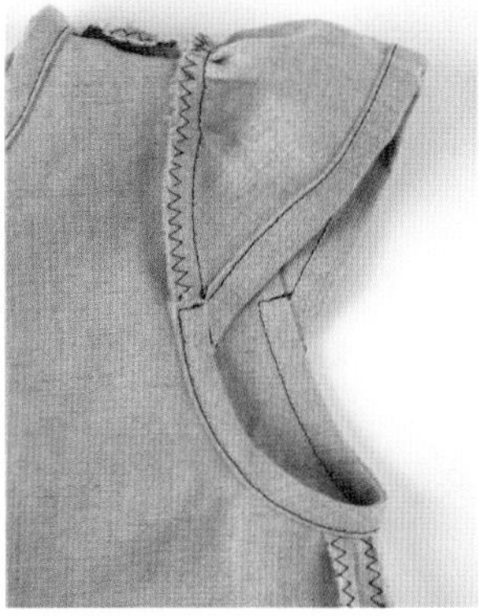

25 将缝份用斜裁布条包住，缝合。

7 制作扣眼，缝上纽扣

26 制作扣眼（参照P63），然后缝上同块布的纽扣。

8 下摆以折二折的方式处理

27 折1cm、2cm后缝合。

完成了

p13

原色亚麻布低腰连衣裙（妈妈）

- **实物大纸型 B 面［7］**〈1- 前身片、2- 后身片、3- 前裙片、4- 后裙片、5- 袖片〉
- **材料**　印花亚麻布 110cm × 240cm　直径 1.2cm 的纽扣 6 颗　黏合衬 20cm × 60cm
- **完成尺寸**　（M/L）　衣长 99/100cm

裁剪图

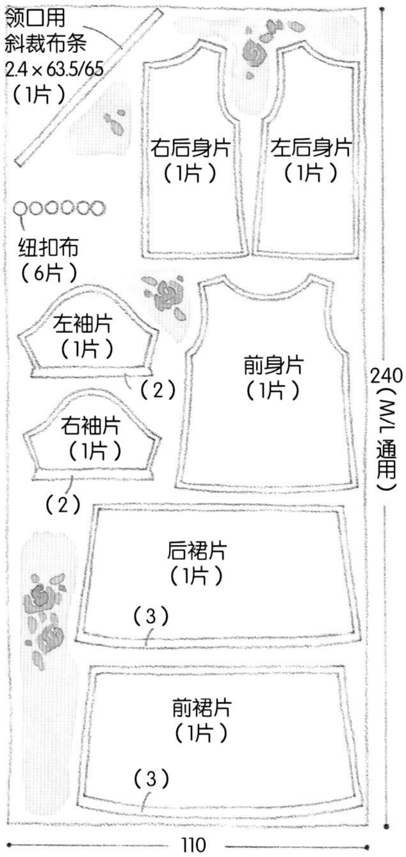

・除指定外，缝份皆为1cm
（　）内为缝份

缝制顺序

5、6 袖子与侧缝的做法（其他的做法与P18的女孩一样）

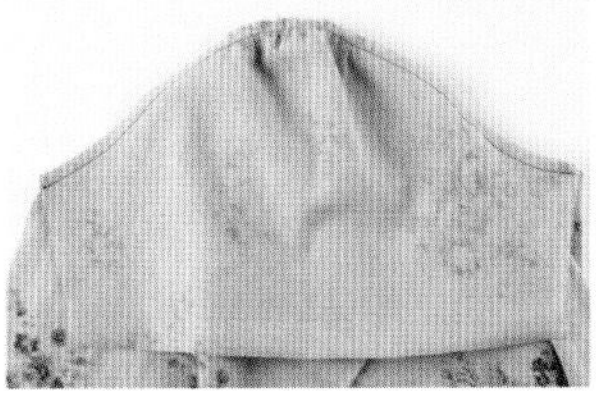

1 与女孩的裙子做法相同（参照P20的6），在袖山抽褶，然后将身片正面相对缝在一起。

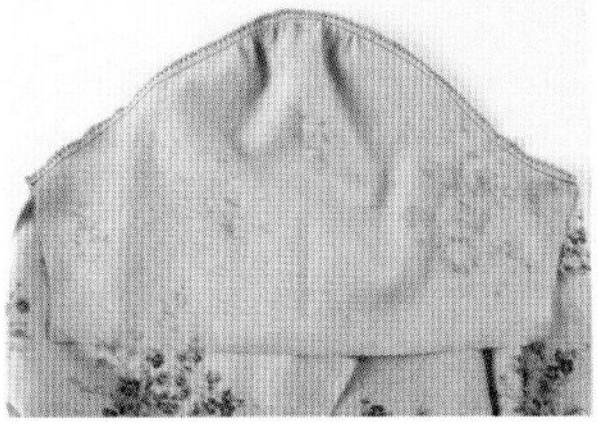

2 将2片缝份一起做Z字形锁边缝，然后将其熨压至身片侧。

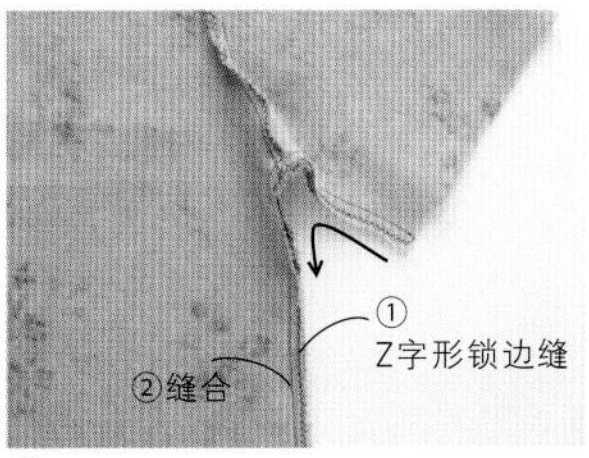

3 由袖下到裙片下摆，各自以Z字形锁边缝处理，缝合。然后将缝份分开。

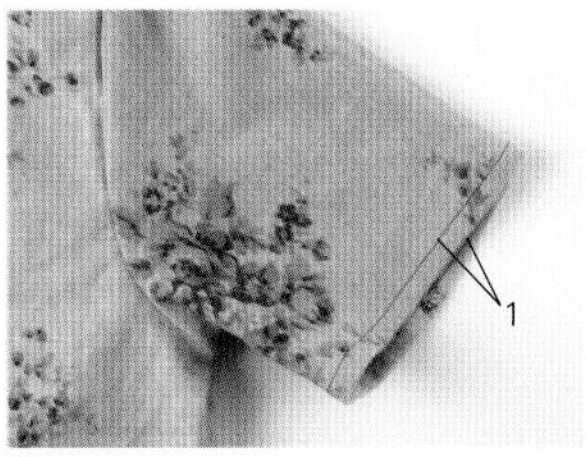

4 袖口折二折后缝合。

p.16、14

Lesson 2

女孩子的方领高腰长上衣

- **实物大纸型 B 面［９］**〈1- 前身片、2- 后身片、3- 口袋〉
- **材料**（100/110/120/130）
  紫色双层纱布（或 110cm 宽的方格布）104cm × 110/120/130/140cm
  上等小碎花棉布（或亚麻布）50cm × 50cm 松紧带 0.5cm × 20cm（只用于紫色衣服）
  蕾丝 2.2cm × 12cm（只用于方格布作品）
- **完成尺寸**（M/L）衣长 45.5/48.5/50.5/53.5cm

裁剪图

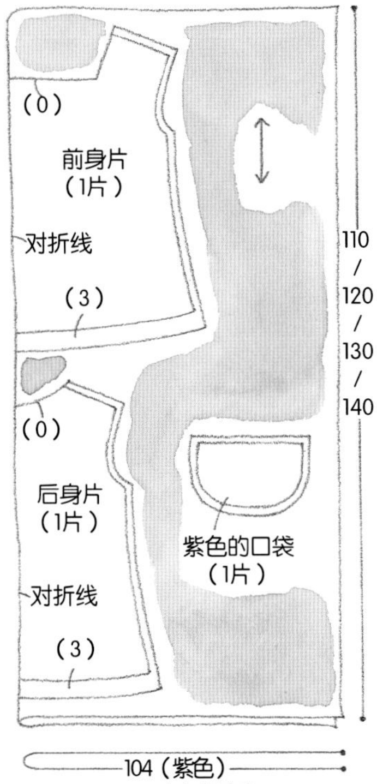

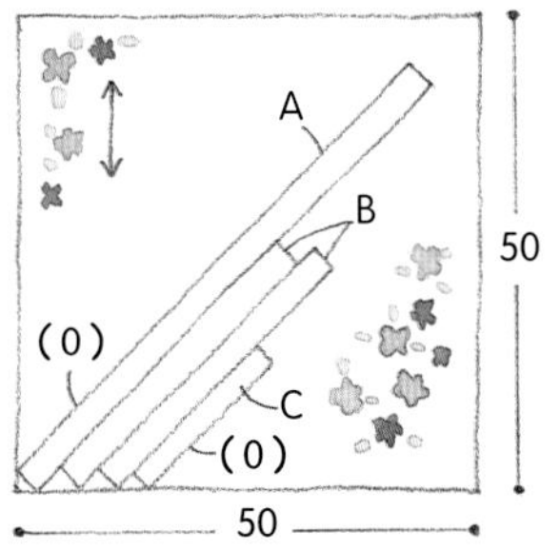

A.领口用斜裁布条
3.6 × 57.5/59.5/60.5/61
B.袖窿用斜裁布条（2片）
3 × 29/30/31/34
C.袋口用斜裁布条（只有紫色）
3.6 × 19/21/23/25

·除指定外，缝份皆为1cm
（ ）内为缝份

缝制顺序

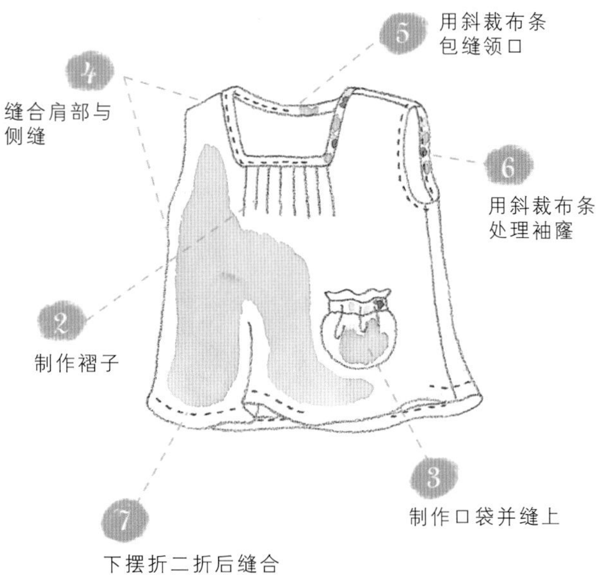

1 参照裁剪图裁剪

（使用方格布时，注意要将方格与身片中心对好才会漂亮）

2 制作褶子

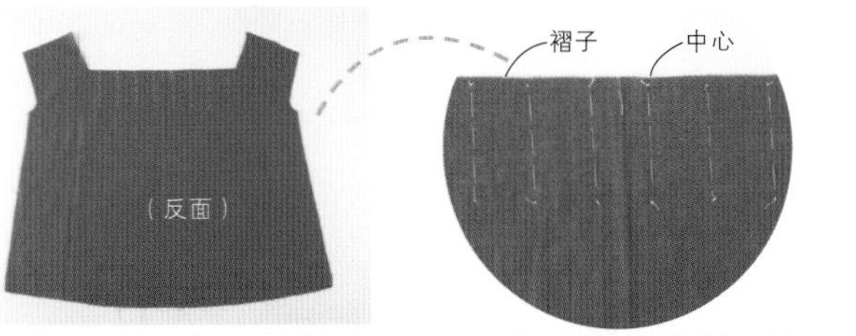

1 在前身片的领口处，用疏缝线在褶山做记号（如果是方格布，也可用方格条纹取代颜色线）。

配合布料的直纹线做记号的话，就能够快速完成！

2 用熨斗在褶山上压出折痕。

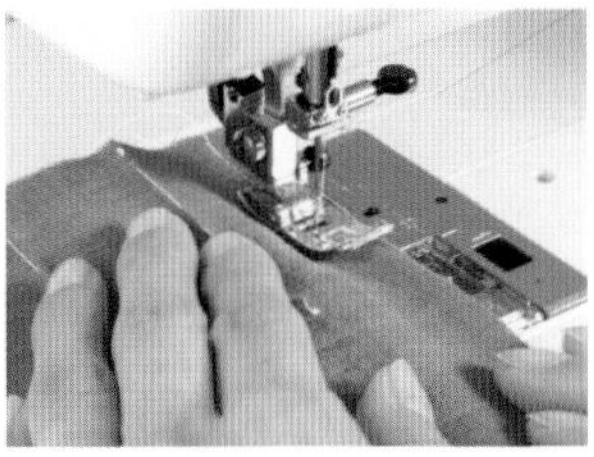

3 车缝1cm宽的褶子。

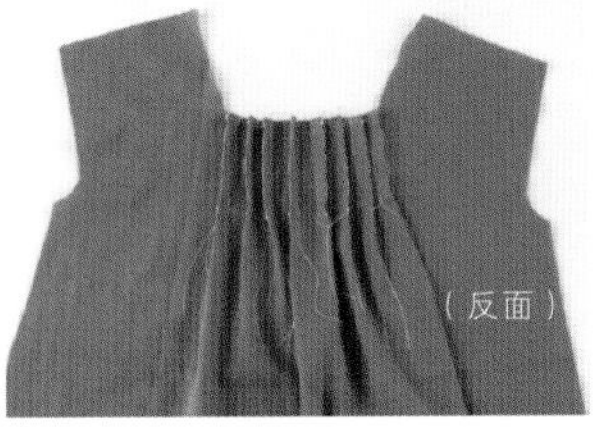

4 褶子全部缝完。

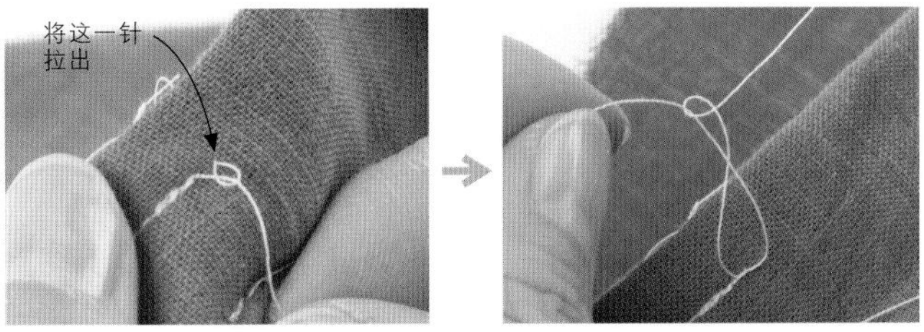

5 为了避免穿着时褶子绷开，要把缝合在最下面的一针拆开，打死结。全部的褶子都以相同方式处理。

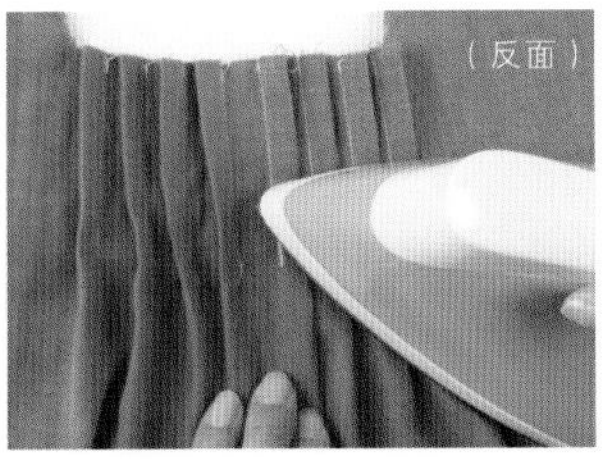

6 将疏缝线拆去，用熨斗从中心向左右熨压褶子。

7 褶子完成了。

3 制作口袋并缝上

8 事先以Z字形锁边缝处理口袋周围。

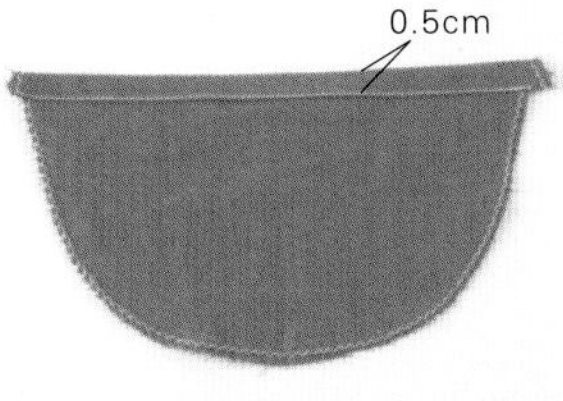

9 口袋口折二折后缝合。

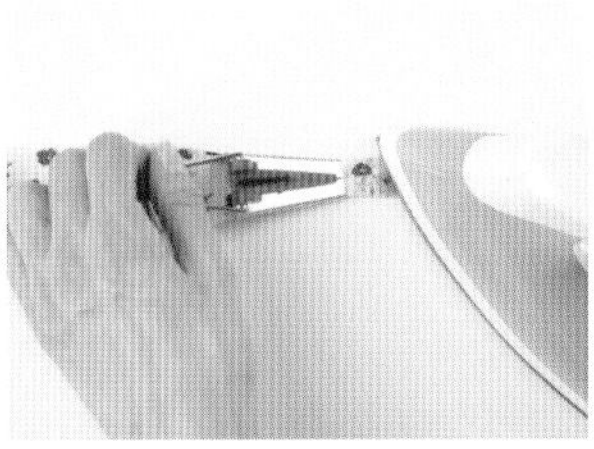

10 制作穿松紧带用的18mm斜裁布条。

11 在口袋口缝上斜裁布条。

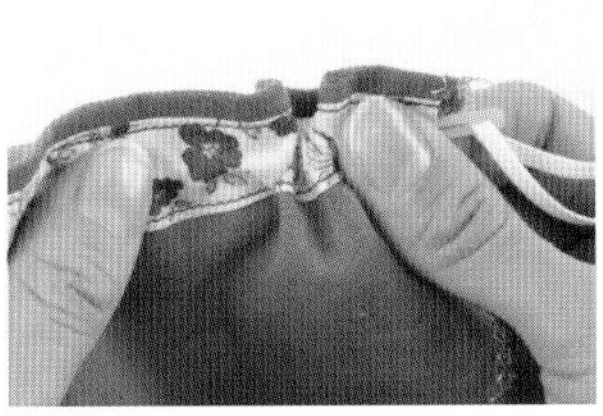

12 穿入松紧带。

13 一边在袋口处做褶皱，一边缝合固定两端。然后剪去多余的松紧带。

方便的工具

滚边器

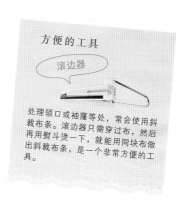

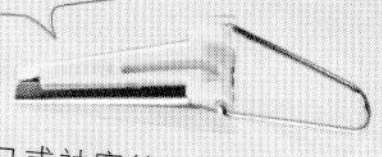

处理领口或袖窿等处，常会使用斜裁布条。滚边器只需穿过布，然后再用熨斗烫一下，就能用同块布做出斜裁布条，是一个非常方便的工具。

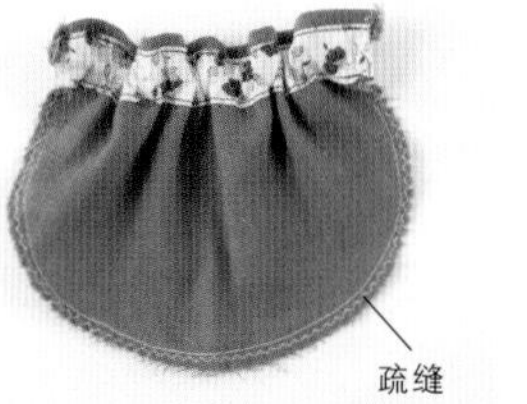

14 在缝份的圆弧处疏缝（参照P63）。

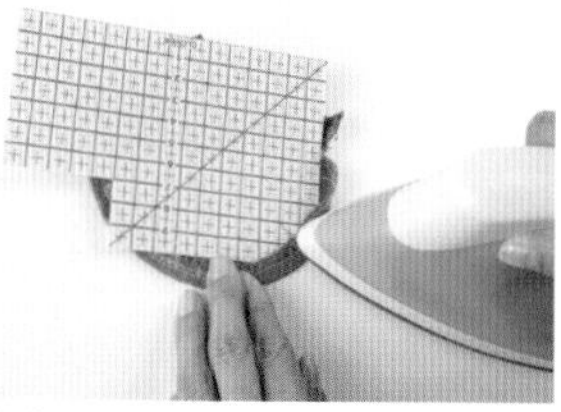

15 拉疏缝线，使其呈现圆形，然后边使用缝份用熨烫尺的圆形部位，边在缝份上熨压。

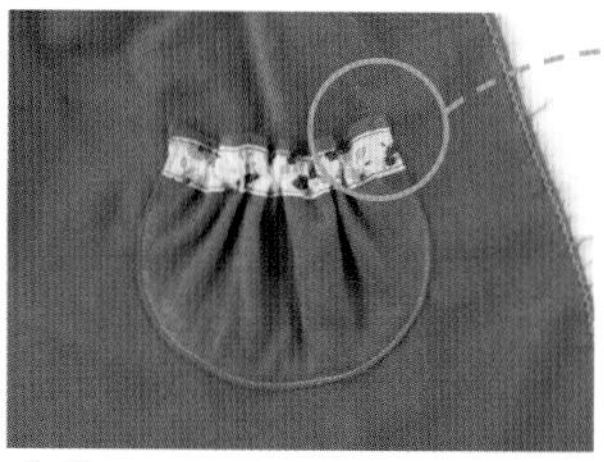

16 用珠针将口袋固定在口袋位置，然后缝合。

为使边角坚固，采用三角缝合。

4 缝合肩部与侧缝

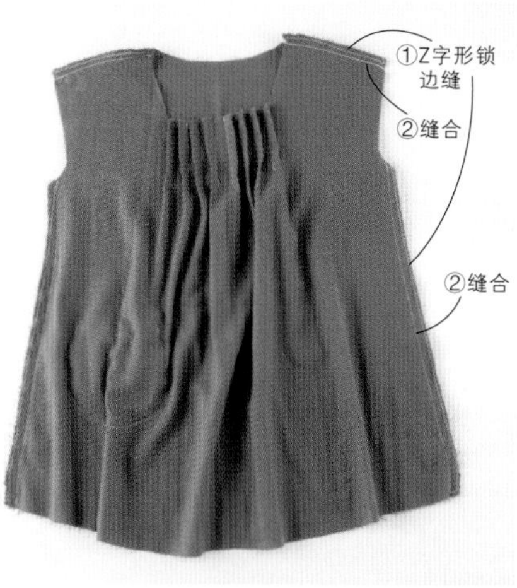

17 肩部与侧缝的缝份先各自做Z字形锁边缝，然后正面相对，各自将肩部与Z字形锁边缝缝合，最后将缝份全部分开。

P14的方格花样方领高腰长上衣，也是用同一纸型制作的。

5 用斜裁布条包缝领口

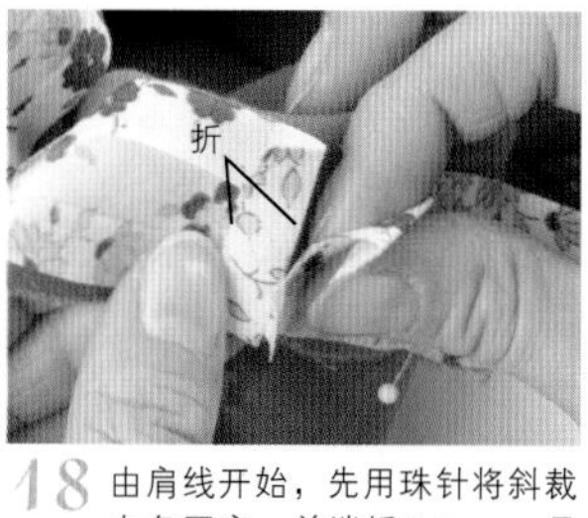

18 由肩线开始，先用珠针将斜裁布条固定，前端折入1cm，最后在上面再重叠1cm。

19 在距边0.8cm的地方缝。

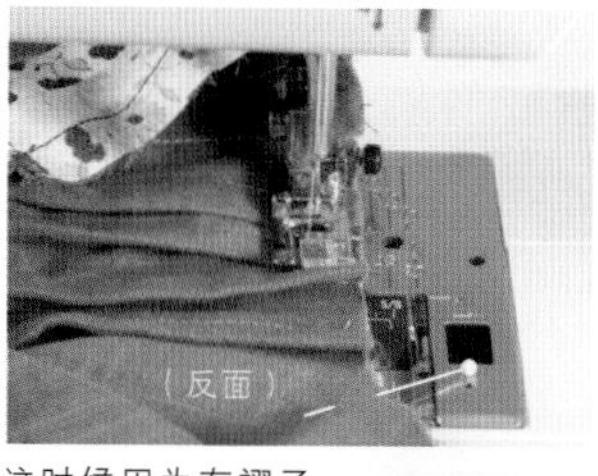

这时候因为有褶子，所以要从反面缝合。

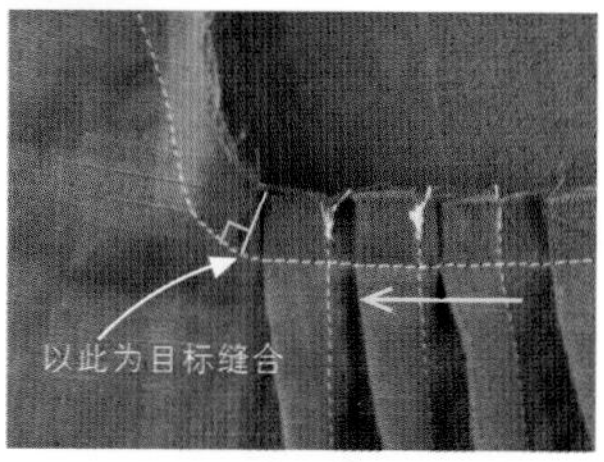

由褶子的边端朝向缝份，做出直角缝合的话，就能缝得漂亮。

20 留下0.5cm的缝份，其余部分剪掉。

21 用斜裁布条将缝份包住后翻过来，以珠针固定后缝合。

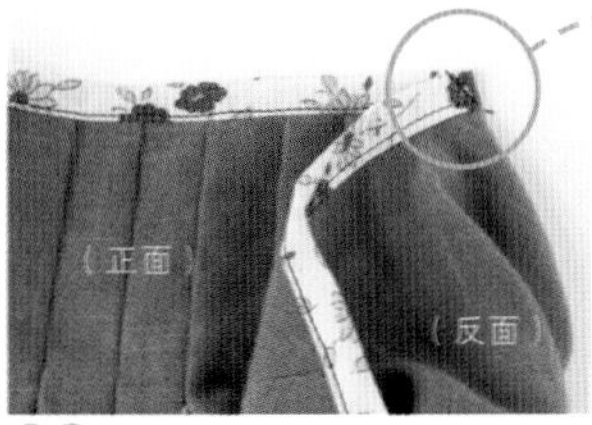

22 折前领口斜裁布条的角，然后缝合（两侧都要）。

从正面看的样子。
是个很漂亮的方形。

6 以斜裁布条处理袖窿

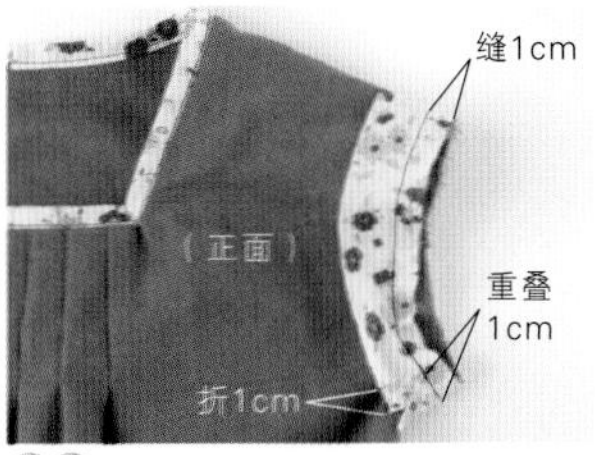

23 在袖口处将斜裁布条正面相对，袖窿也同样由袖下开始，用珠针固定并缝合。

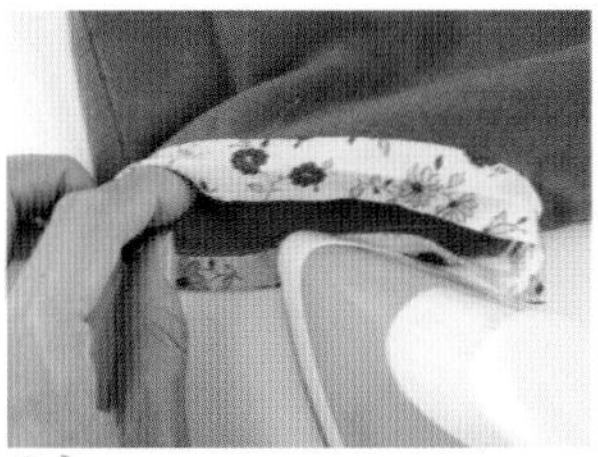

24 与领口相同，只留下0.5cm的缝份，其余部分剪掉。折叠后包住缝份。

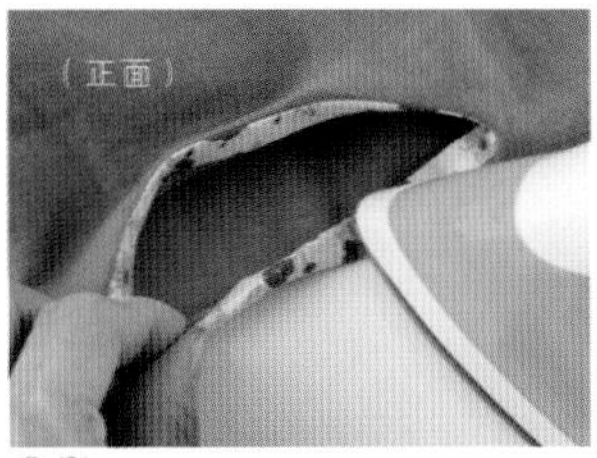

25 然后再翻至反面折进去。

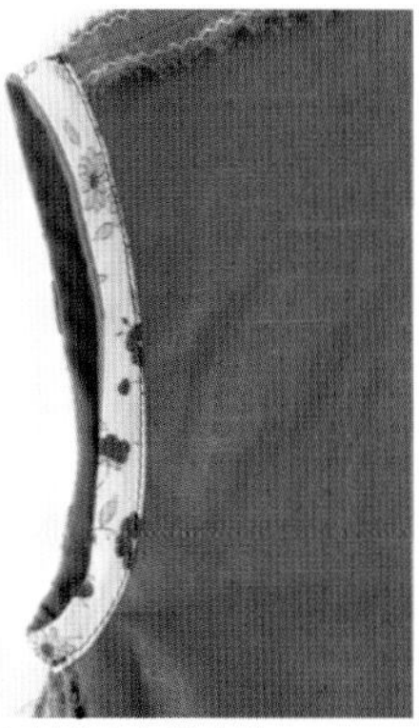

26 缝合斜裁布条的边端。

7 下摆折二折后缝合

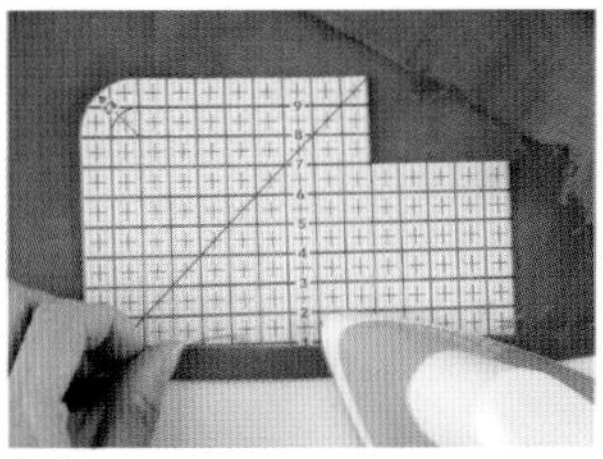

27 用熨斗将下摆熨压1cm、2cm，然后折二折，缝合。

方便的工具

缝份用熨烫尺

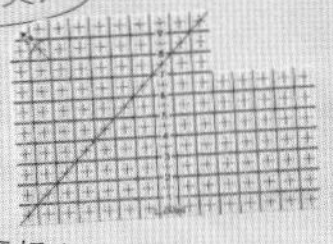

用尺上的刻度折布，然后直接熨烫的话，很容易就能折好二折。至于尺的圆角部分，则方便制作圆圆的口袋。除了市售的缝份用熨烫尺外，在厚纸上画上刻度，也可以使用。

完成了

方格花样的高腰长上衣没有口袋，最后在褶子部分缝上蕾丝。

Simple Style

简约风

有效运用素材，做出简约与时尚的组合

设计和制作　米仓由贺（Fancesca*amam label）

线条漂亮的
V领束腰长上衣

束腰长上衣的大V领开口
是此款裙子的一个亮点。
胸口处用少许的褶皱点缀，
女孩的是用同块布做装饰边，
妈妈的则是在领口加上美丽的蕾丝布。

How to make → P32、35
实物大纸型C面［11］（女孩）、C面［12］（妈妈）

袖子由拼接处开始扩张一点点，成为清爽的铃铛袖。

装饰边是以纱布材质直接裁开重叠使用，有飘逸优雅的感觉。

披风式的
开襟上衣

将裁剪成长方形的亚麻平针织布
折成三角，然后缝合固定，就成为简单的开襟外衣。
轻轻地披在身上，
也可当作披风或围巾，
是件百搭的单品。

How to make → P72

缝在右前下摆的蕾丝、碎布，
也是装饰的重点。

这是从后面看到的样子。
将缝有蕾丝的那一端折回去，
就成为领子了。

这是从前面看到的样子。

可以简单穿戴，轻柔的亚麻布搭在身上的感觉非常棒！

女孩子的吊带裙

腰间带松紧带的吊带裙。
亚麻布在过水的时候，
不用特别除皱晒干，
这种慵懒的感觉很不错。

How to make → P36
实物大纸型 C 面［13］

与 P28 披风式的开襟上衣搭配在一起，很有流行感。

将 2 片剪开的纱布缝在一起，从下摆露出的纱布衬裙尽显女孩的可爱。

作者小档案

Francesca*amam label ／米仓由贺

米仓依据自己的想法，缝制想让女儿穿得舒服，并可多种搭配的衣服。在网店或是委托实体店铺售卖。除了衣服，她也制作、售卖室内杂货等物品。目前是 5 岁女孩的妈妈。
http://fal2005.web.fc2.com/

p.27

How to make

线条漂亮的V领束腰长上衣（女孩）

- 实物大纸型C面［11］〈1- 前身片、前贴边，2- 后身片、后贴边，3- 上、下袖片〉
- 材料（100/110/120/130）
  棉麻斜纹牛仔布 112cm×130/130/140/150cm　单层纱布 6cm×50cm
- 完成尺寸（100/110/120/130）　衣长 55.5/60/63.5/68cm

裁剪图

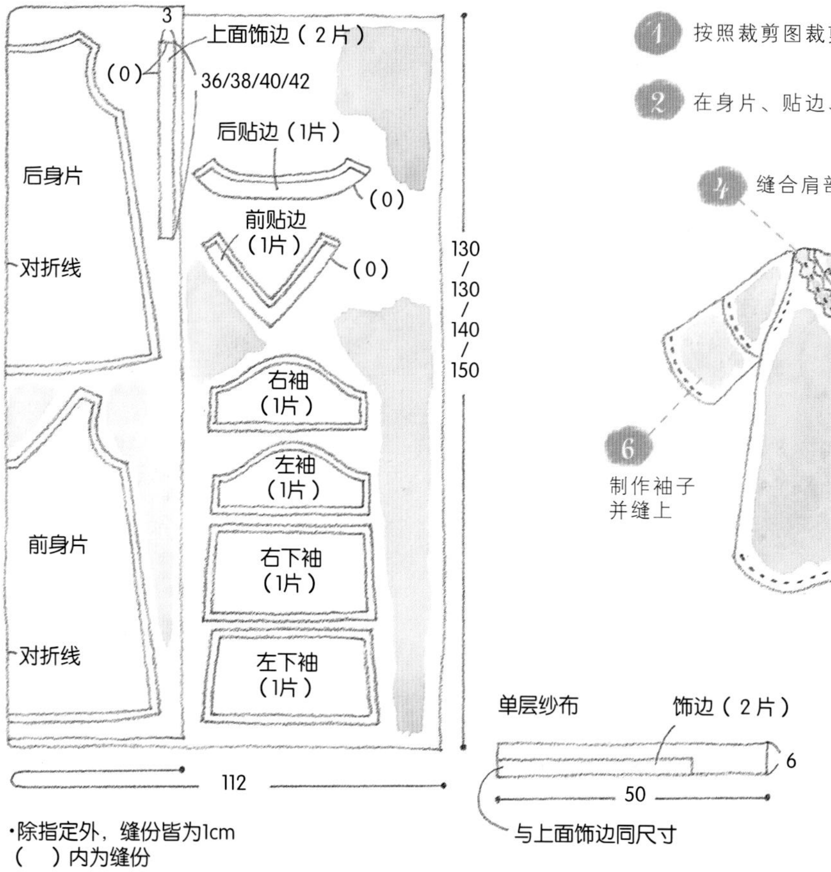

·除指定外，缝份皆为1cm
（　）内为缝份

缝制顺序

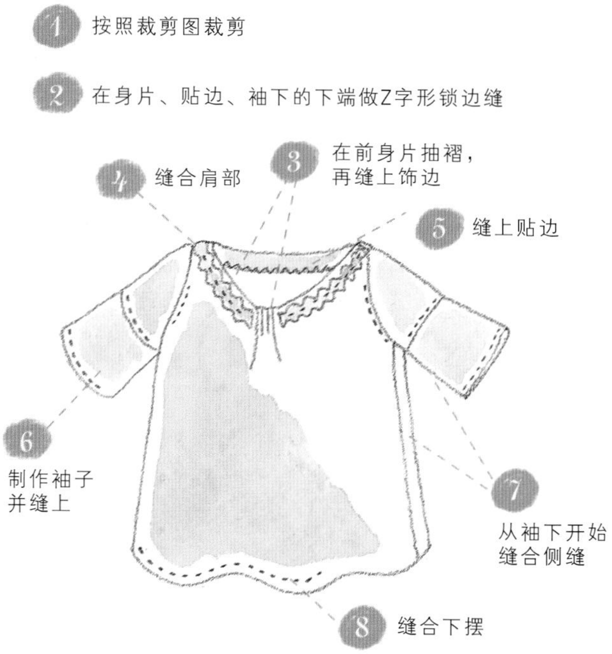

2 在身片、贴边、袖下的下端做Z字形锁边缝

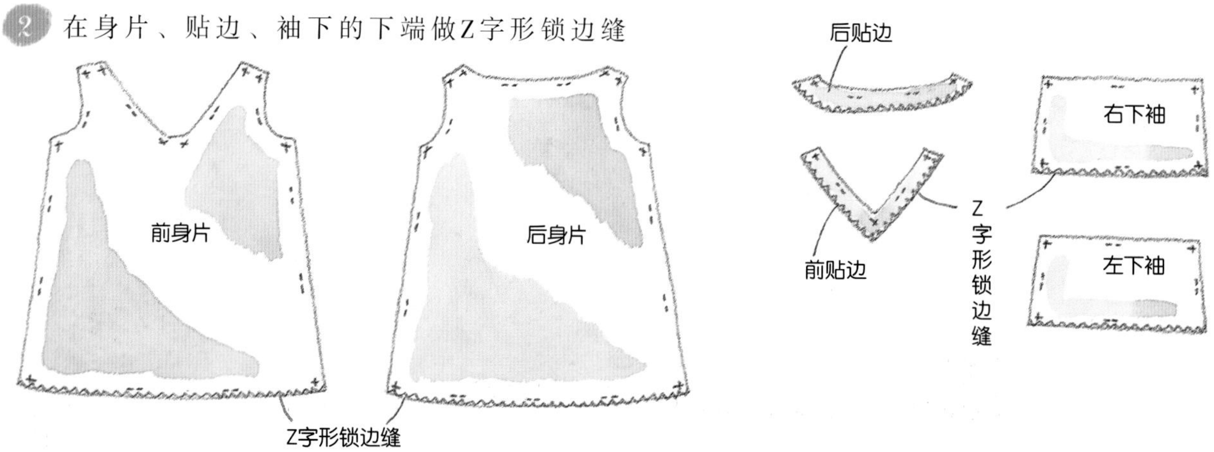

饰边不剪裁，
随意接上。

3 在前身片抽褶，再缝上饰边

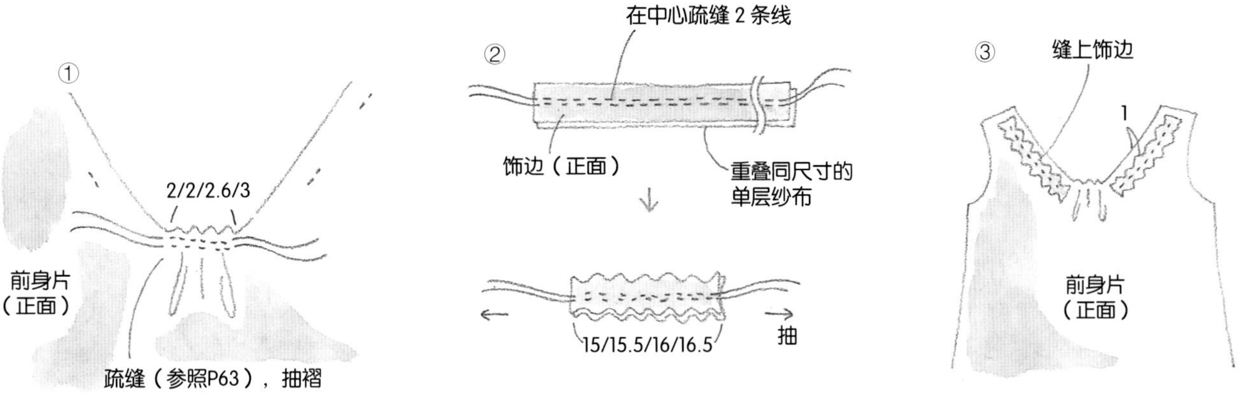
①
2/2/2.6/3
前身片
（正面）
疏缝（参照P63），抽褶
②
在中心疏缝 2 条线
饰边（正面）
重叠同尺寸的
单层纱布
15/15.5/16/16.5
抽
③
缝上饰边
1
前身片
（正面）

4 前身片与后身片正面相对，缝合肩部

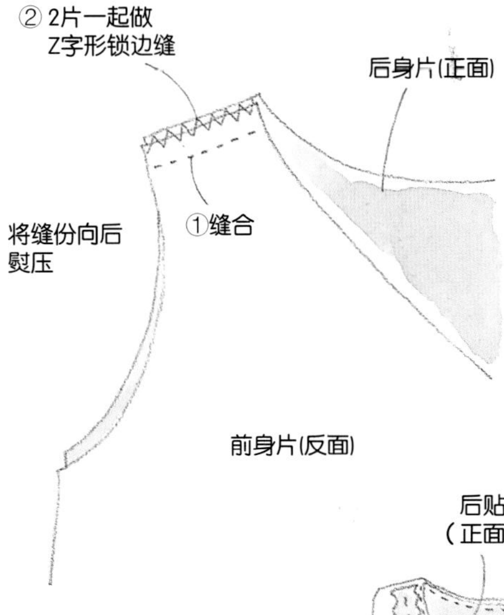
② 2片一起做
Z字形锁边缝
后身片(正面)
①缝合
将缝份向后
熨压
前身片(反面)

5 将贴边缝成环状，正面相对缝合于身片上

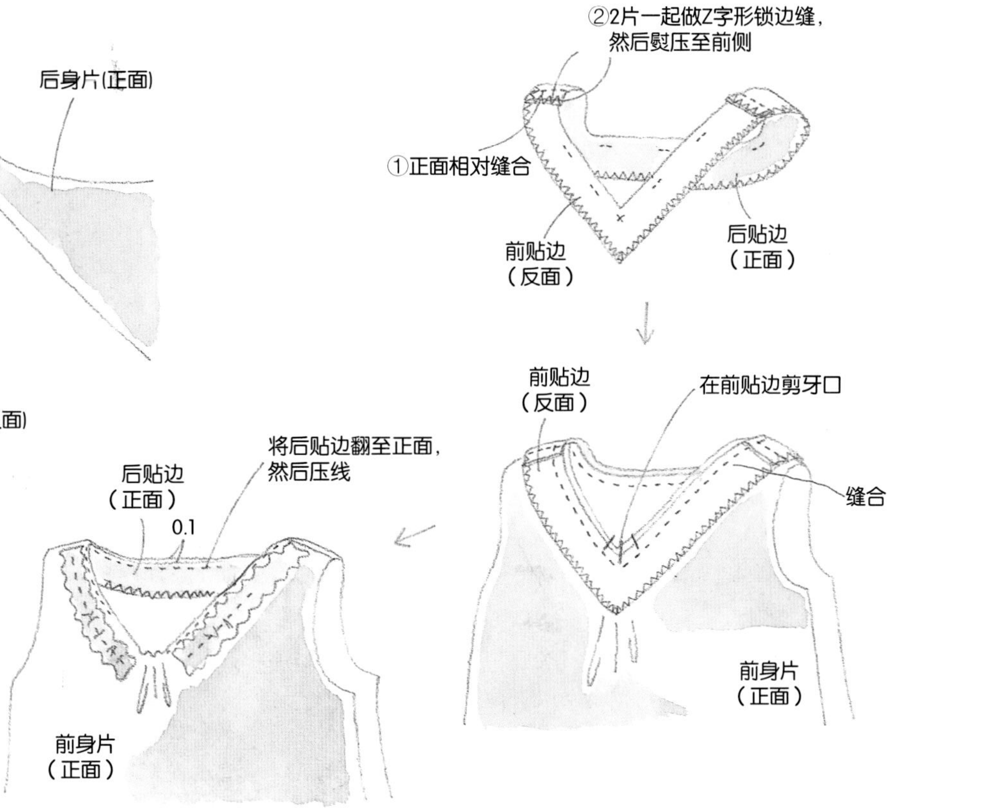
②2片一起做Z字形锁边缝，
然后熨压至前侧
①正面相对缝合
前贴边
（反面）
后贴边
（正面）
前贴边
（反面）
在前贴边剪牙口
缝合
前身片
（正面）
将后贴边翻至正面，
然后压线
后贴边
（正面）
0.1
前身片
（正面）

6 制作袖子，并缝在身片上

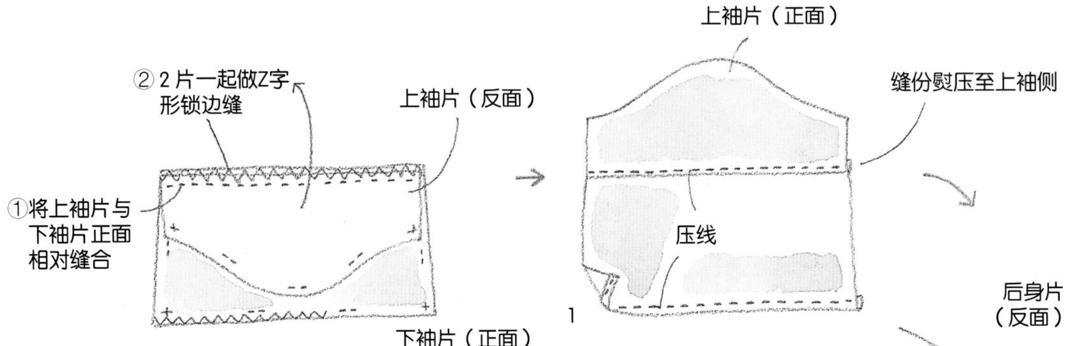
②2片一起做Z字
形锁边缝
上袖片（反面）
①将上袖片与
下袖片正面
相对缝合
下袖片（正面）
上袖片（正面）
缝份熨压至上袖侧
压线

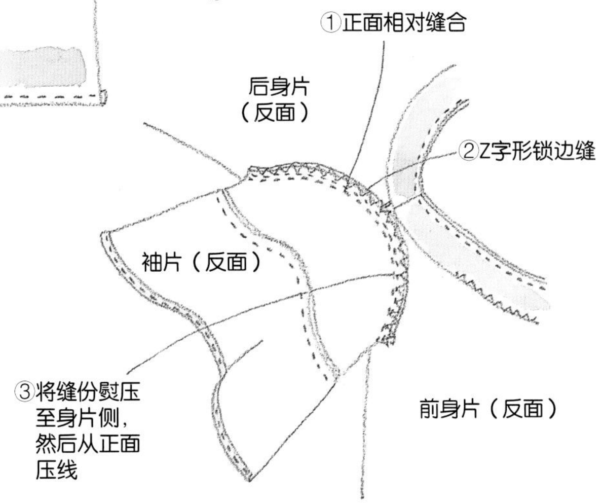
①正面相对缝合
后身片
（反面）
②Z字形锁边缝
袖片（反面）
③将缝份熨压
至身片侧，
然后从正面
压线
前身片（反面）

7 从袖下开始缝合侧缝

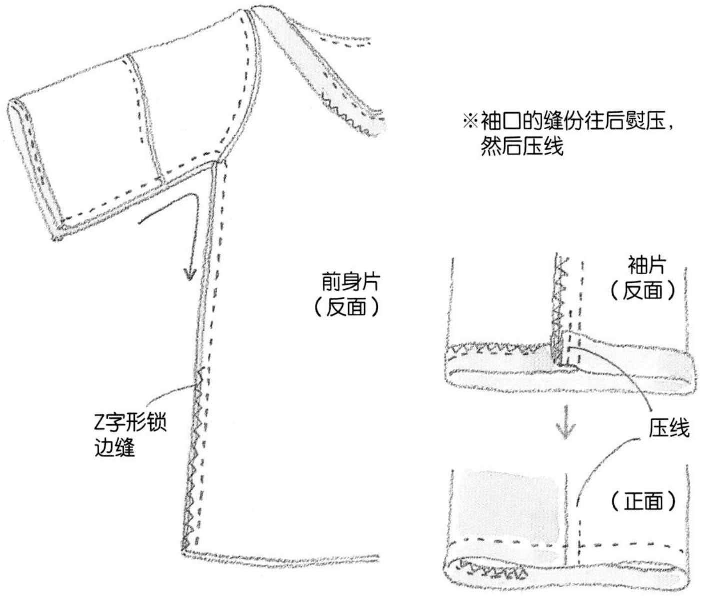
※袖口的缝份往后熨压，
然后压线
前身片
（反面）
Z字形锁
边缝
袖片
（反面）
压线
（正面）

8 缝合下摆

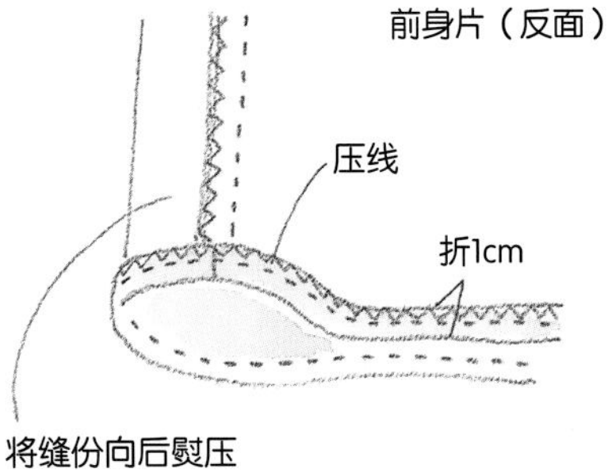
前身片（反面）
压线
折1cm
将缝份向后熨压

p.27

线条漂亮的V领束腰长上衣（妈妈）

- **实物大纸型 C 面［12］**〈1- 前身片、前领口布，2- 后身片、后领口布，3- 上袖片，4- 下袖片〉
- **材料（M/L 通用）** 棉麻人字呢 110cm × 250cm　领形蕾丝布 12cm × 19cm 1 片
- **完成尺寸**（M/L size） 衣长 88/89cm

裁剪图

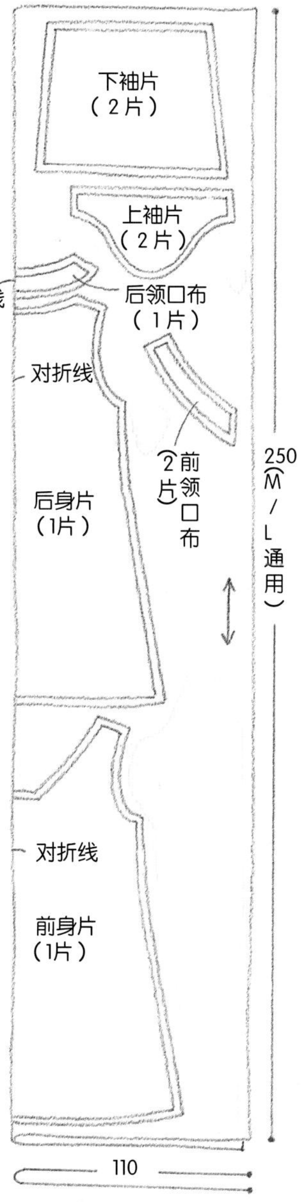

・缝份全部为1cm

缝制顺序

※除步骤5与9，做法都与P32相同

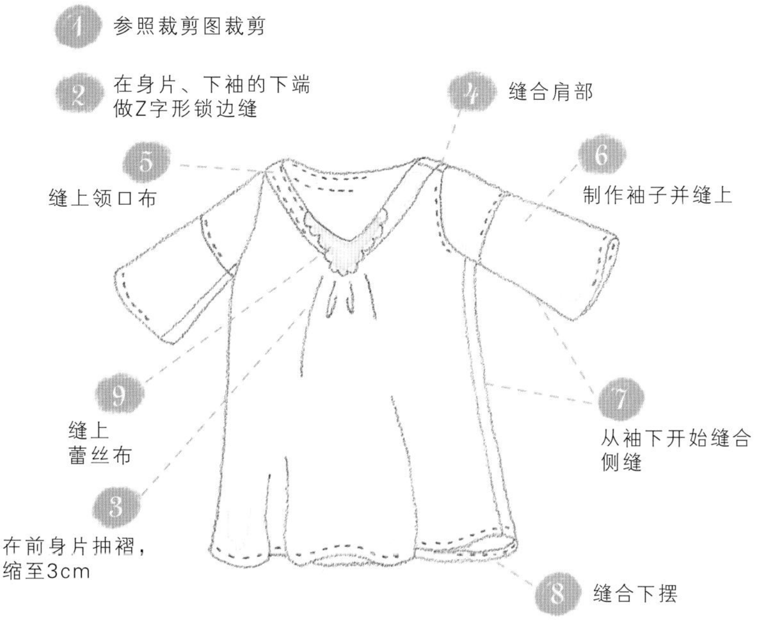

5 制作领口布并缝上

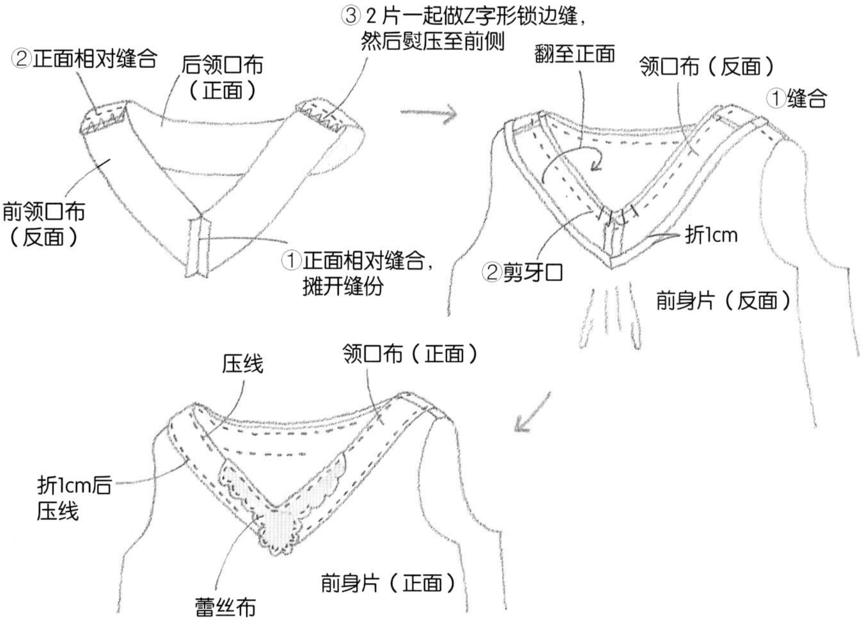

p.31

How to make

女孩子的吊带裙

- 实物大纸型 C 面［13］〈1– 前、后裙片，前、后衬裙片〉
- 材料（100/110/120/130） 亚麻布 130cm×50/60/60/70cm 单层纱布 110cm×80/80/90/100cm
  直径 13cm 的蕾丝布 1 片 0.7cm 宽的松紧带 50 ~ 60cm
- 完成尺寸（100/110/120/130） 裙长 32.5/36/39.5/43cm

裁剪图

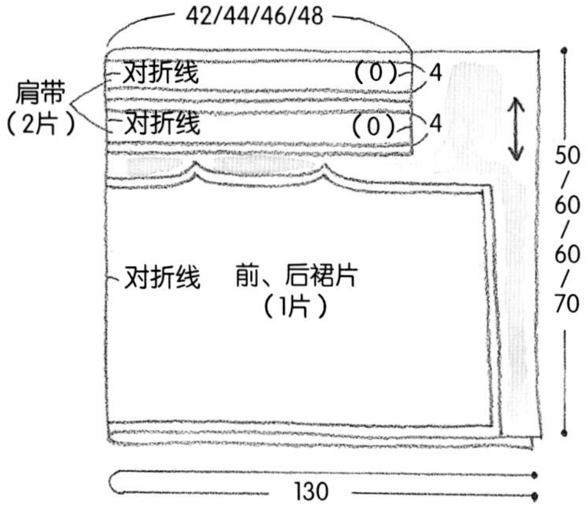

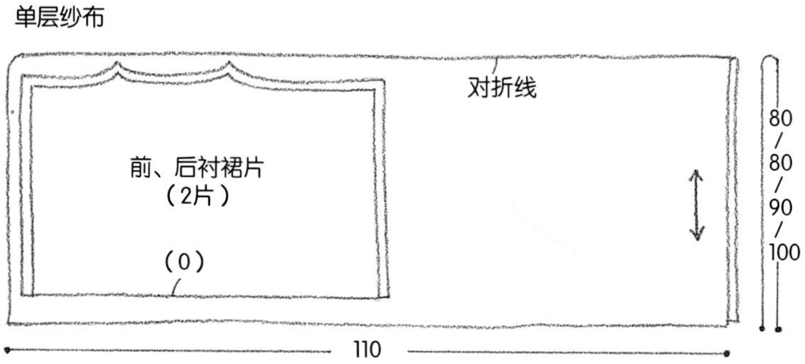

·除指定外，缝份皆为1cm
（0）表示剪掉

缝制顺序

1 参照裁剪图裁剪

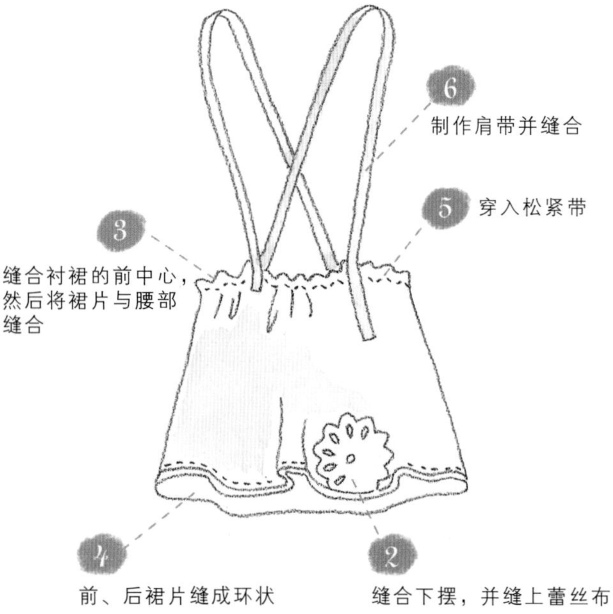

2 缝合下摆，并缝上蕾丝布

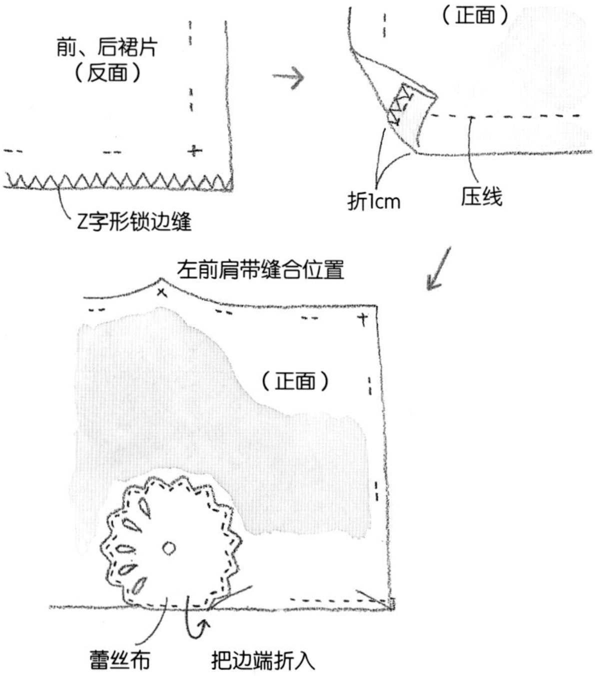

3 缝合衬裙的前中心，然后将裙片与腰部缝合

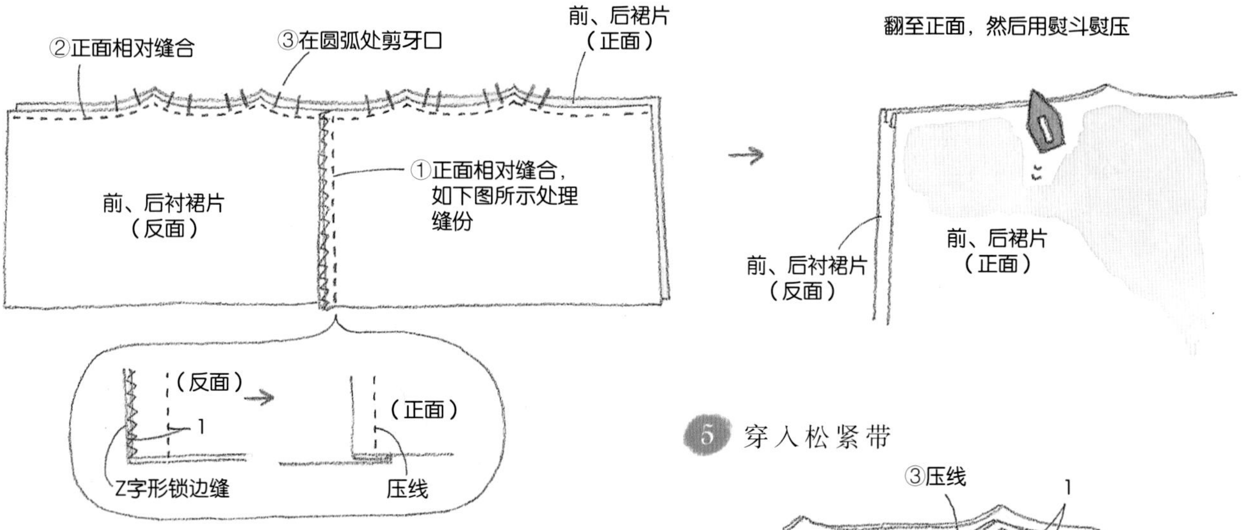

4 前、后裙片缝成环状

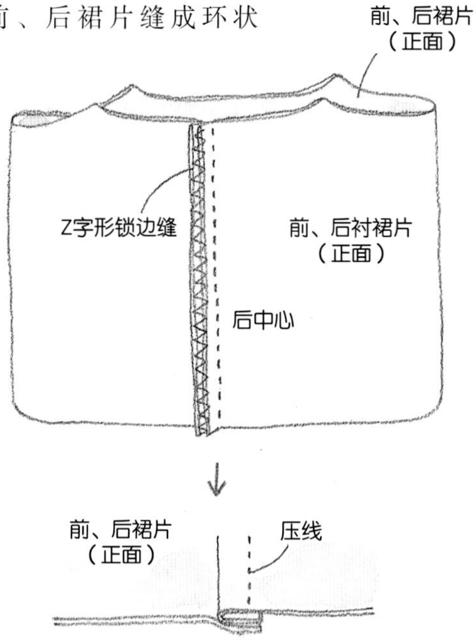

5 穿入松紧带

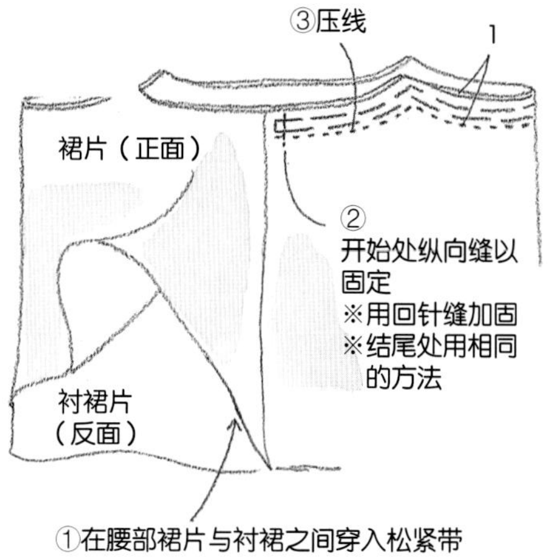

6 制作肩带并缝合

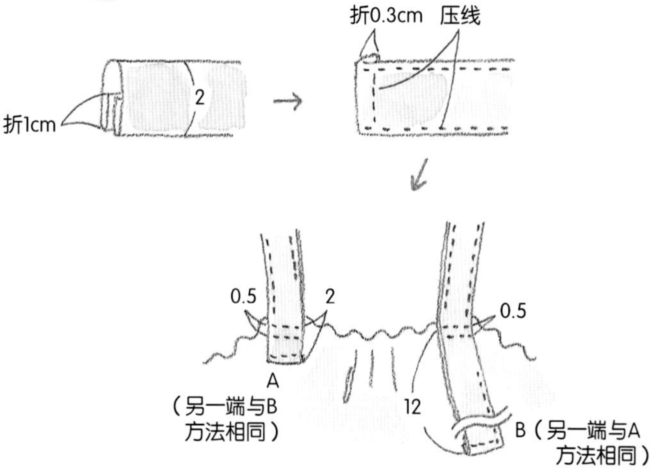

Classical Style

古典风

突出小细节、有复古感的小孩服

设计和制作　村田千裕（petit mignon）

衣服后面也做了褶子，而拼接的滚边育克，
则起了凸出的效果。

圆点图案高腰长上衣

拼接的U形育克，是圆点图案高腰长上衣的一大特色。
褶皱会显出蓬松的感觉，所以不要用太厚的布。

How to make → P44
实物大纸型 D 面［16］

U 形育克以纽扣打开，
滚边与纽扣起了大功效。

褶皱罩衫

领口的褶子与蝴蝶结，
使得小碎花罩衫更显可爱。
它也可以当外出服穿，
很能展现高贵的气质。

How to make → P48
实物大纸型 C 面［14］

领口的褶子是缝上另布的斜裁布条，
而袖口的褶子则是用松紧带做出来的。

为使小孩容易穿着，后领口中
间穿了松紧带，方便孩子穿脱。

将罩衫的袖子与领口的设计改变一下，
再在下摆加上裙片就大功告成了。

低腰身的
褶皱连衣裙

选用印花棉布中
最有人气的小碎花棉布制作的
褶皱连衣裙。
本作品与 P40 褶皱罩衫用相同的纸
型制作而成。

How to make → P51
实物大纸型 C 面［15］

有古典风味的连衣裙。
即使单穿，也能看出可爱的设计。

作者小档案

Petit mignon/ 村田千裕

无论是缝纫、制作笼子还是木工，只要觉得好像能做，都想自己试试看。她会不定期在 HP 或委托销售笼子、布做小物，也在部落格发布快乐的缝纫生活。目前是 7 岁男孩与 3 岁女孩的妈妈。
http://pmignon.exblog.jp/

Lesson 3

圆点图案高腰长上衣

p 39

- 实物大纸型 D 面［16］〈1- 前身片，2- 后身片，3- 左、右袖片，4- 前育克表布，5- 后育克表布、里布，6- 前育克里布〉
- 材料 印花棉布 110cm × 130/140/150/160cm 纽扣用碎布 5cm × 5cm 黏合衬 40cm × 25cm
  滚边布条 85cm 直径 12mm 的纽扣 3 颗
- 完成尺寸（100/110/120/130） 衣长 46/48/49/51cm

裁剪图

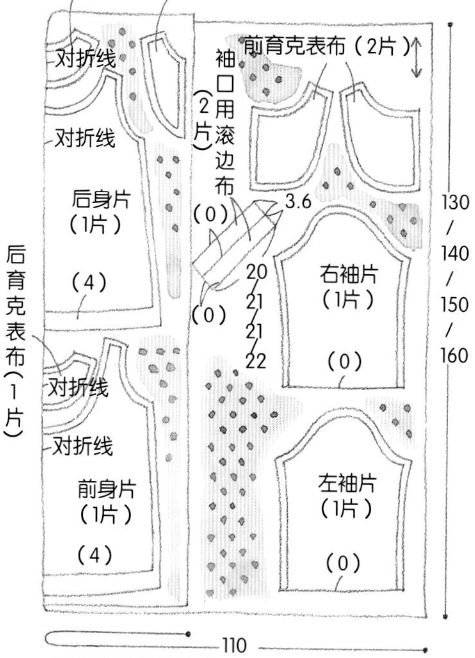

·除指定外缝份皆为1cm
（ ）内为缝份

缝制顺序

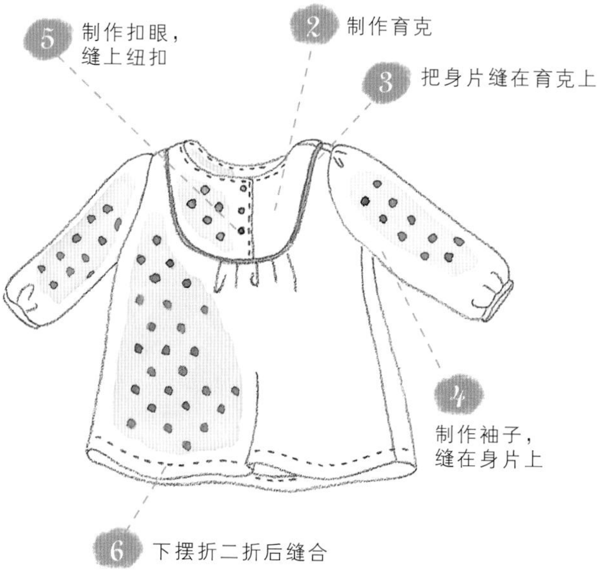

1 参照裁剪图裁剪

2 制作育克

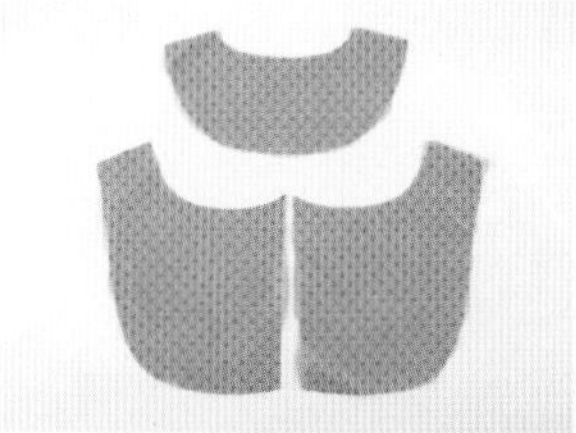

1 在正面育克表布的反面，用熨斗贴上黏合衬（前、后育克都要）。

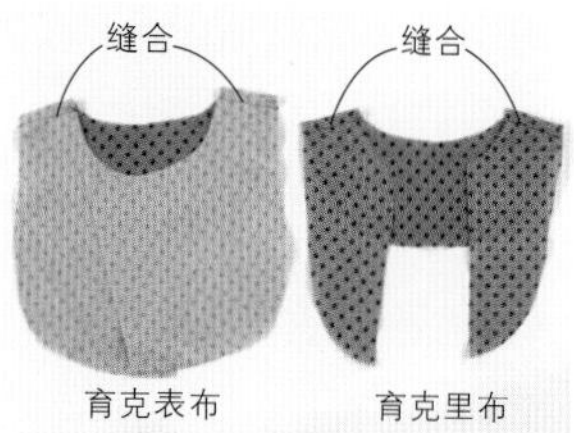

2 将育克表布与育克里布的肩部各自缝合。

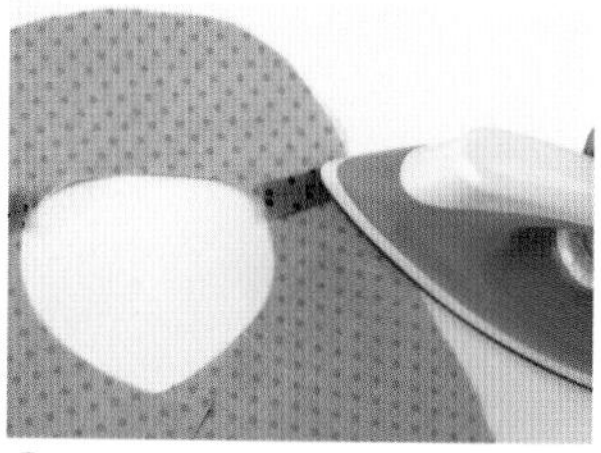

3 用熨斗分开缝份（表布、里布都要）。

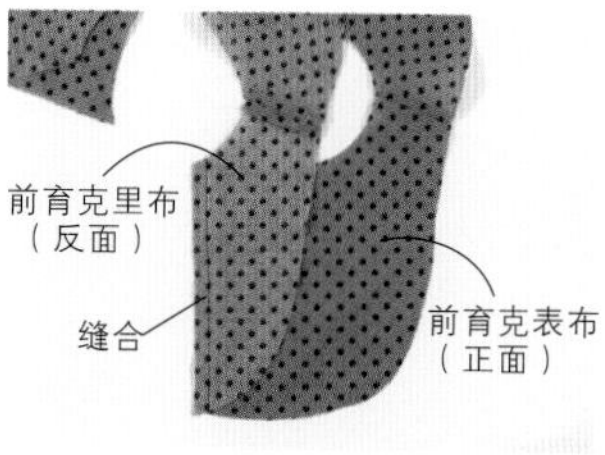

4 前育克表布与前育克里布正面相对，缝合（两侧都要）。

将育克里布翻至正面，肩部对齐，
并把贴边折好。

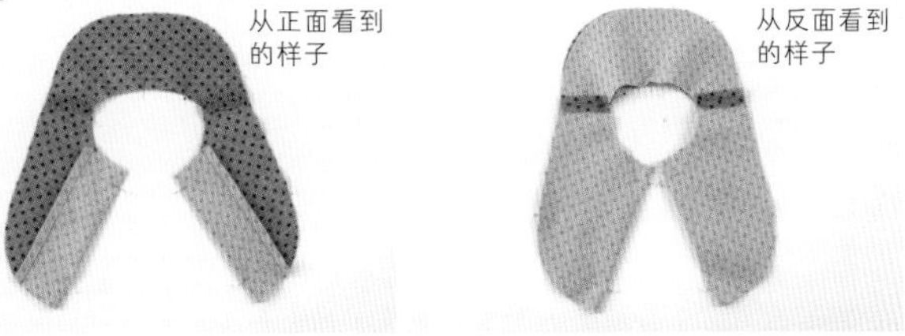

5 把育克里布翻过来，折好前育克表布的贴边，然后用珠针固定。

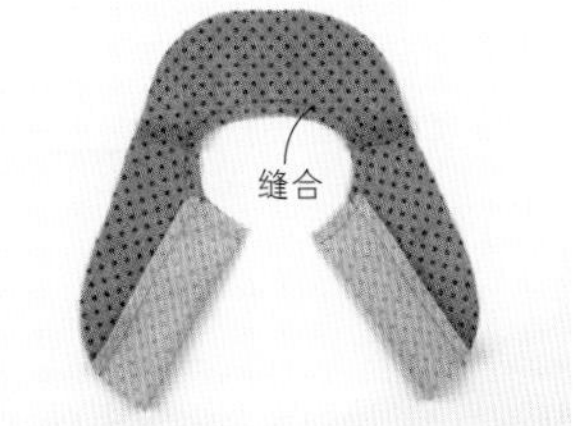

6 缝合领口。

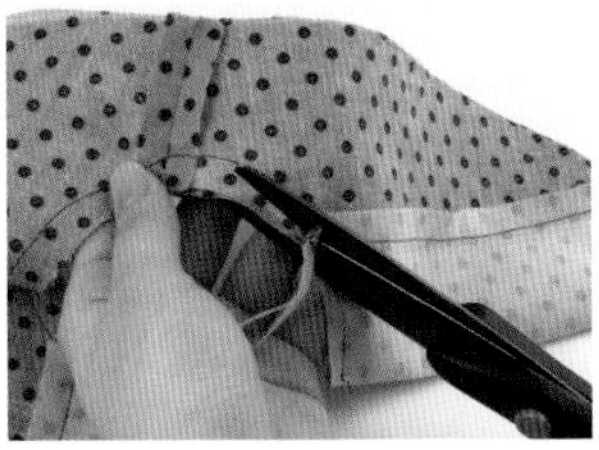

7 领口的缝份只留5mm，其余部分剪掉。

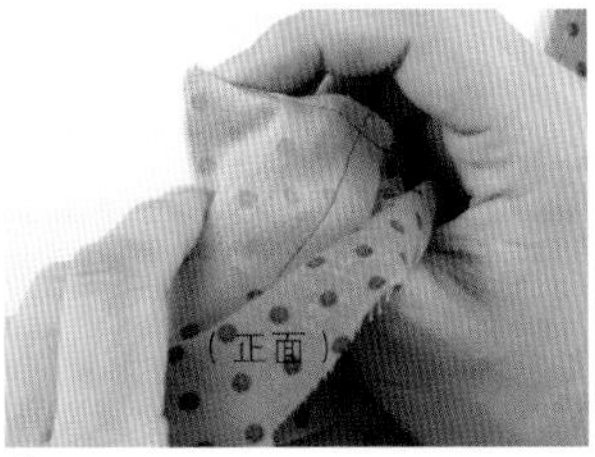

8 把贴边翻至正面，然后用熨斗整烫。

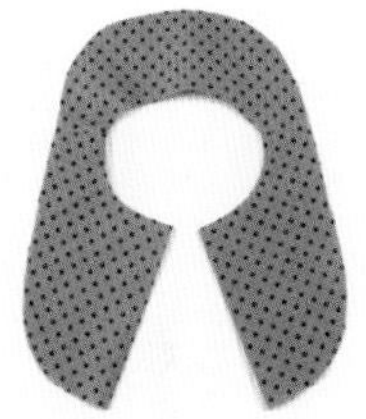

9 将贴边翻至正面的样子。

10 从贴边的边端到领口，从正面压线。

11 将前育克对好，用珠针固定，下面重叠的部分用机缝暂时固定。

12 将滚边布条缝成环状。

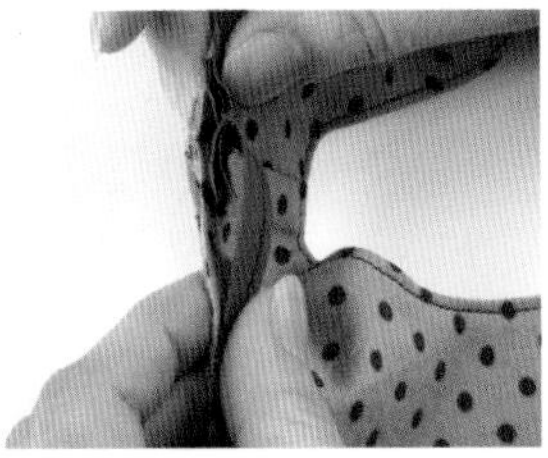

13 摊开滚边布条的缝份，对好育克的肩线，用珠针暂时固定（育克的周围）。

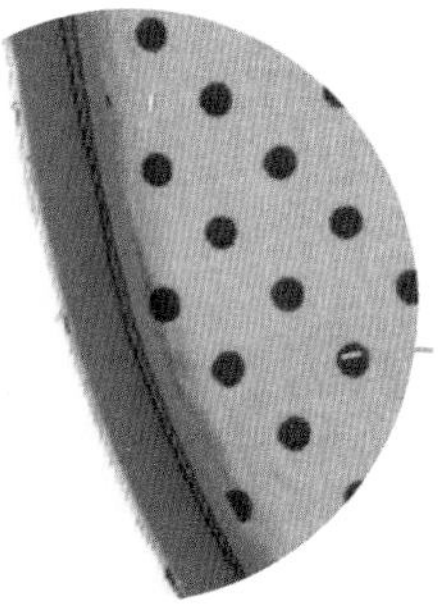

缝合滚边布条的边缘。

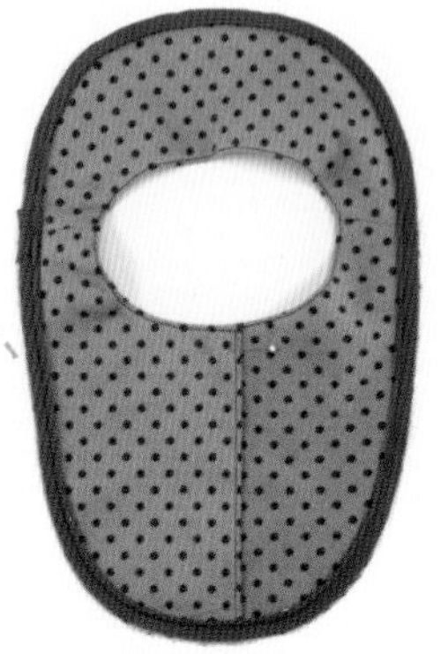

14
将滚边布条接缝在育克上。

point
这时候，为使育克与滚边布条不错位，可一边用锥子压着，一边机缝，这样会比较好。

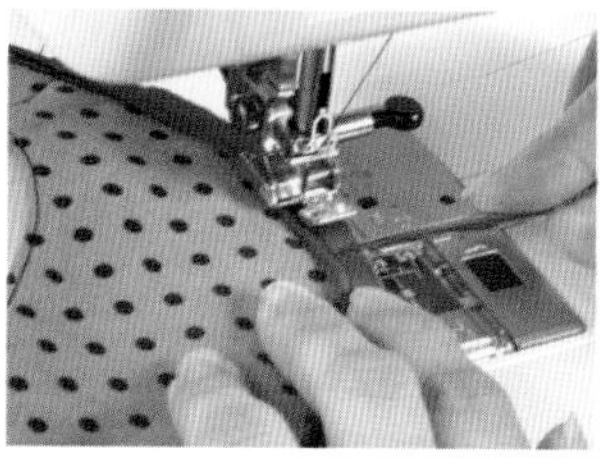

3 把身片缝在育克上

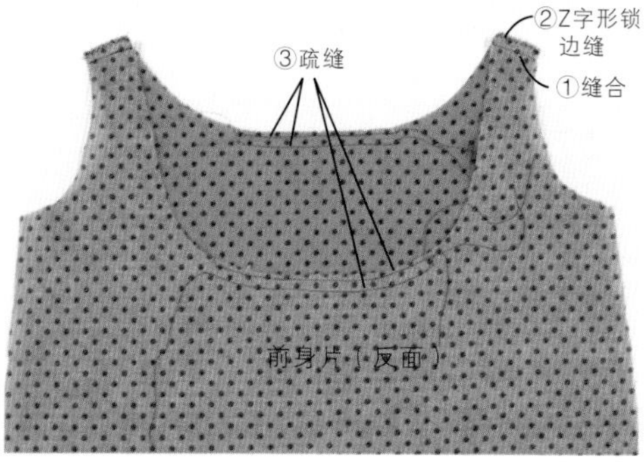

15
将身片正面相对后缝合肩缝，然后2片缝份一起处理，熨压至后侧（两侧同）。在前、后身片领口完成线的上、下3mm处疏缝（参照P63）。

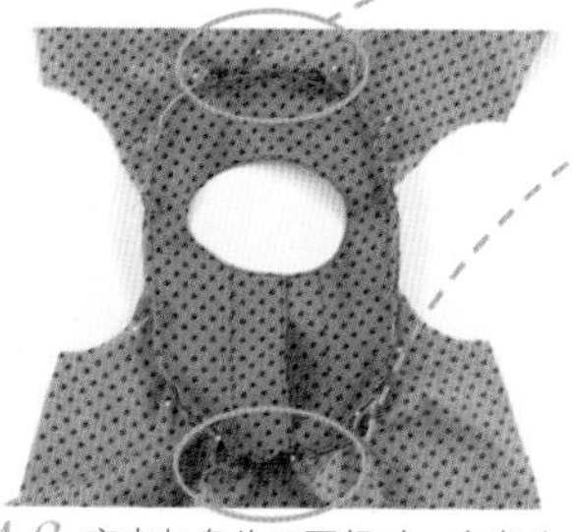

16 育克与身片正面相对，在身片做褶子，边缩成和育克一样的尺寸，边用珠针固定。

一边拉抽疏缝线，一边缩成和育克一样的尺寸。

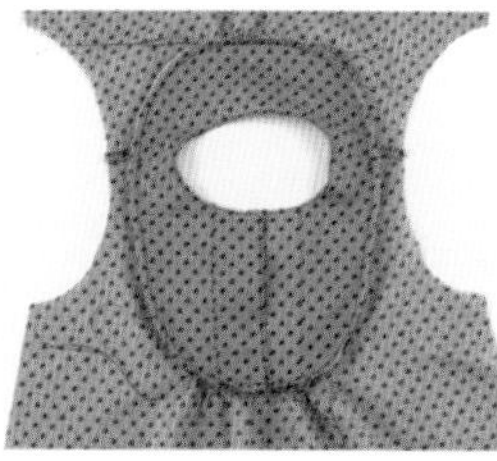

17 缝合育克与身片。这个时候将身片放在上侧，按照P19的方法，用锥子边压住褶山，边缝合。

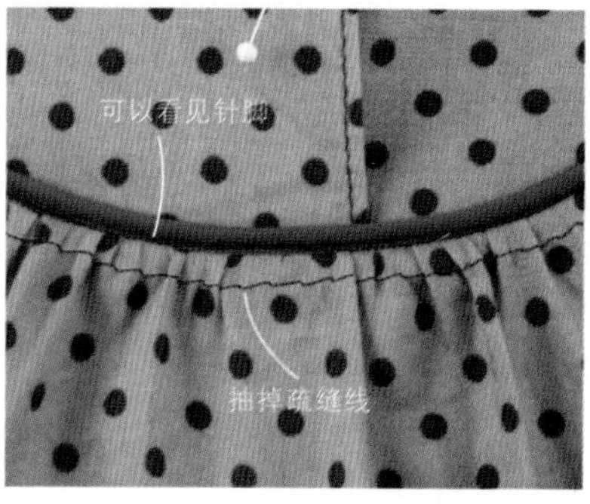

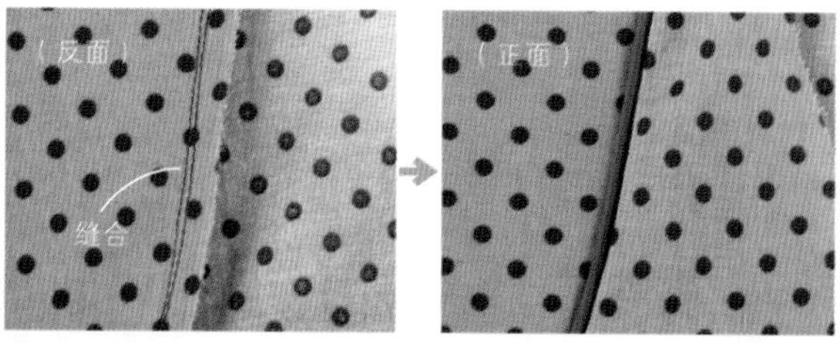

18 抽掉疏缝线。但这个时候还能从滚边的正面看见针脚，所以再一次从开始缝合的线（3-17）的上面再缝一次。这样的话，从正面就看不到针脚了。

4 制作袖子，缝在身片上

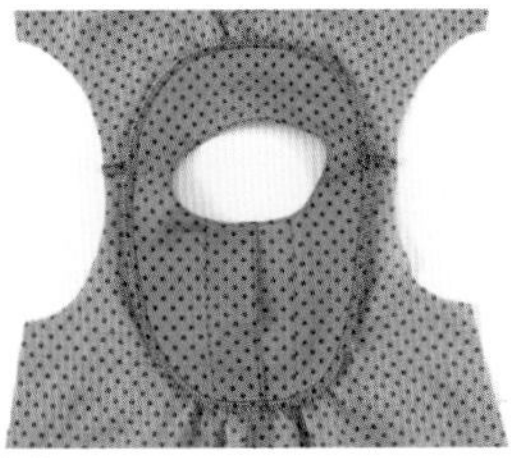

19 将2片缝份一起做Z字形锁边缝，然后将缝份熨压至身片侧。

20 在袖山与袖口的完成线的上、下疏缝2条线。

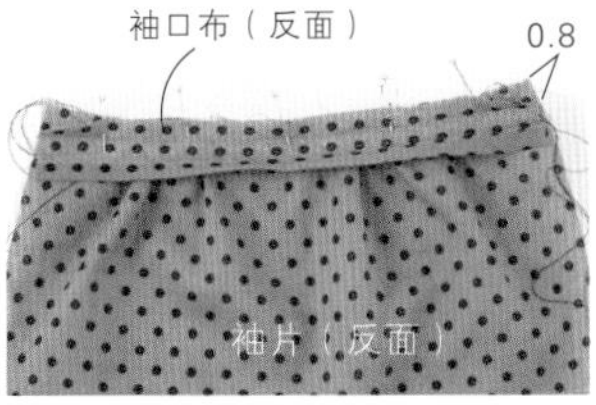

21 用滚边器（参照P23）制作袖口用滚边布，并先折好三折。一面在袖口做褶子，一面将袖口滚边布正面相对，以珠针固定。

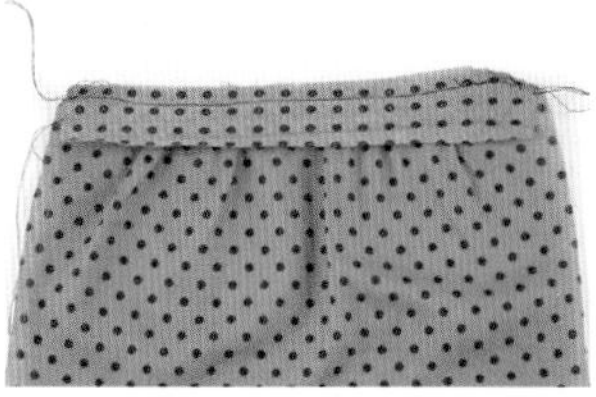

22 缝合袖口滚边布，这时候要将褶子侧朝上，注意边均等抽褶边缝合，然后拆掉疏缝线。

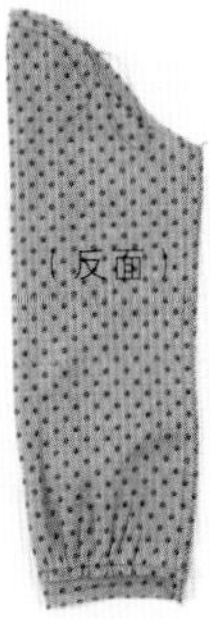

23 袖片正面相对折好，缝合袖下，然后将2片缝份一起做Z字形锁边缝，最后将其熨压至后侧。

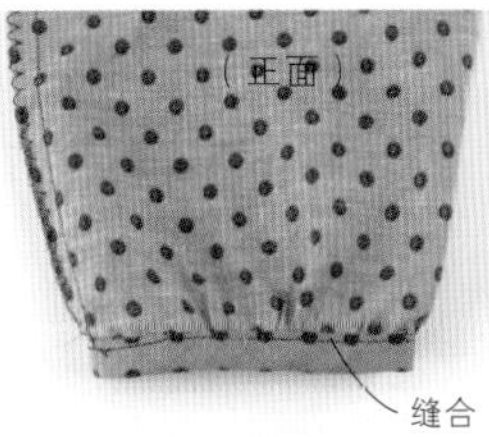

24 用袖口滚边布将缝份包好，缝合。

25 缝合两边侧缝，然后2片缝份一起做Z字形锁边缝，最后将其熨压至后侧。

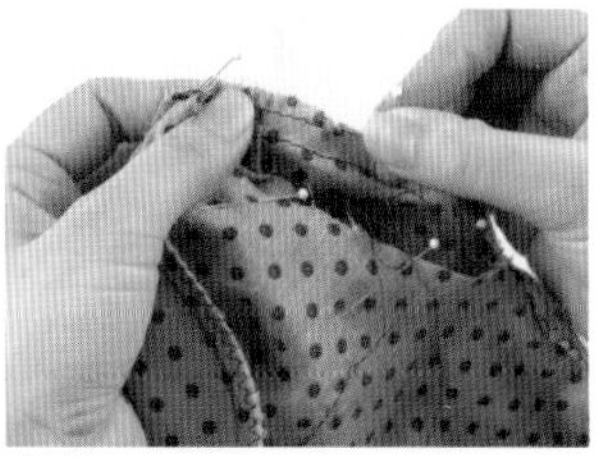

26 袖片正面相对放入身片里，一边在袖山做褶子，一边用珠针固定，然后缝合。拆掉疏缝线，将2片缝份一起处理，最后熨压至袖侧。

5 制作扣眼，缝上纽扣

27 在育克处制作扣眼（参照P63），然后制作纽扣并缝在适当位置。

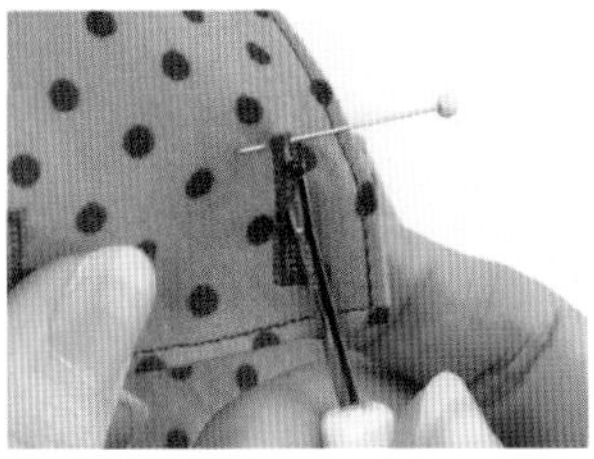

28 开扣眼时，可利用珠针固定，这样开孔不会因不小心而开过头。

6 将下摆折二折后缝合

29 将下摆2cm、2cm地折二折后缝合。

Lesson 4

褶皱罩衫

- **实物大纸型 C 面［14］**〈1－前身片、2－后身片、3－袖片、4－前贴边〉
- **材料**（100/110/120/130） 小碎花棉布 110cm×100/110/120/130cm 黏合衬 5cm×10cm 0.5cm 宽的松紧带（领口用 29/30/30.5/30.5cm、（袖口用 2 条）22/23/23.5/24.5cm
- **完成尺寸**（100/110/120/130） 衣长 39.5/41.5/42.5/43.5cm

p.40

裁剪图

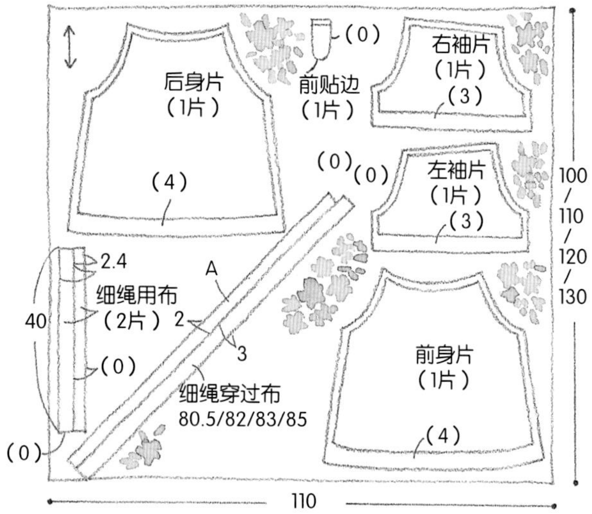

・除指定外缝份皆为1cm
（ ）内为缝份

领口的尺寸
2×78.5/80/81/83

缝制顺序

1 参照裁剪图裁剪

2 用前贴边处理前身片的开口

1 在前贴边的反面贴黏合衬，周围以Z字形锁边缝处理。

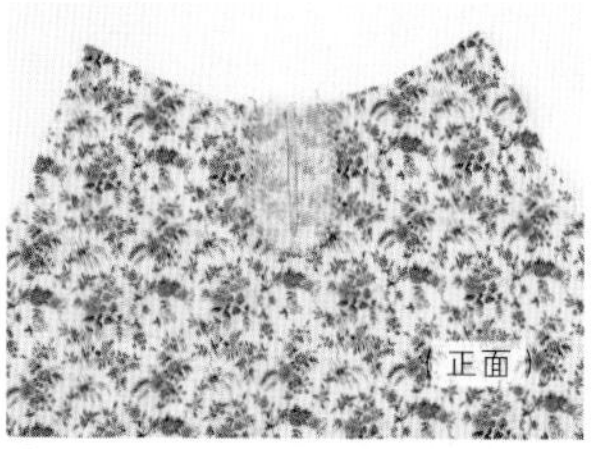

2 与前身片正面相对，摆放在中心的位置，然后缝合开口周围2mm的地方。

简单做记号的方法 「牙口式」

将身片对折，在缝份2mm处稍微剪个小口，就能简单知道中心位置。除此之外，当要做记号时也可使用这个技巧。

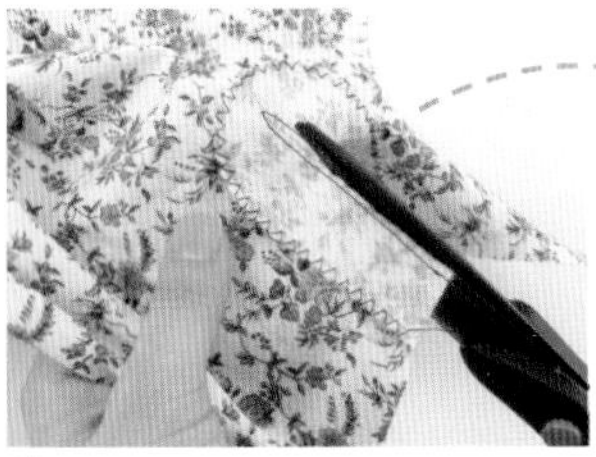

3 在开口处做剪口。

这个时候，为使其不脱线，先用胶粘一下会有帮助。

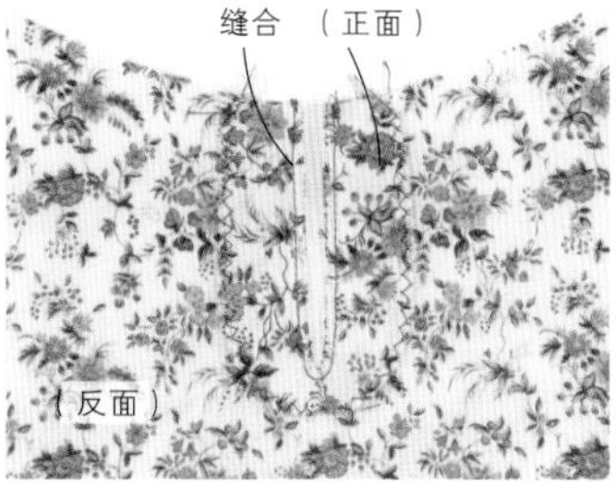

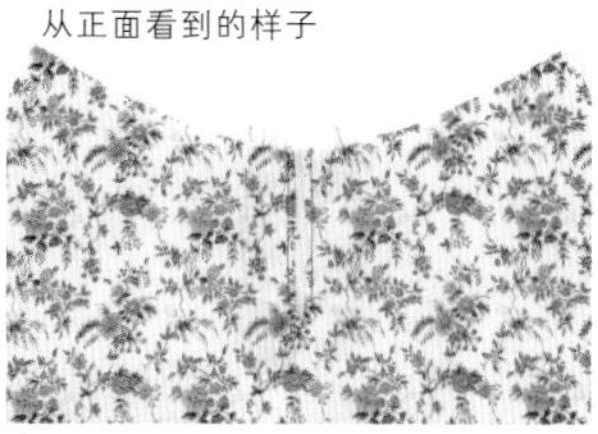

4 将前贴边翻至正面，用熨斗熨烫，然后再做压线。

3 缝上袖子，并缝合侧缝

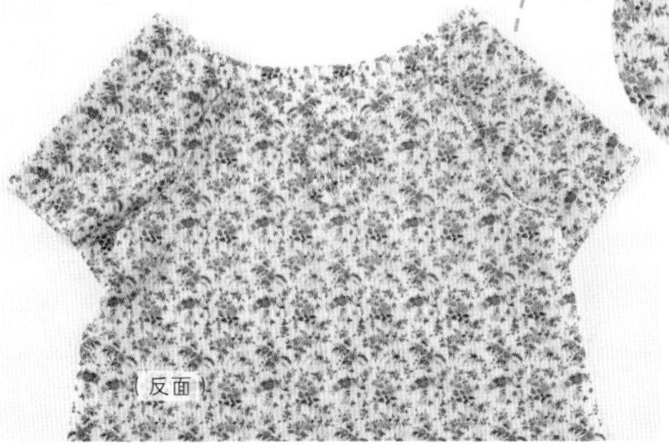

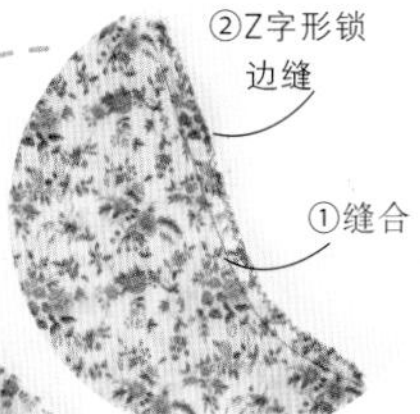

5 袖片与身片正面相对，缝合4个地方，缝份全部以2片一起用Z字形锁边缝的方式处理，最后将其熨压至袖侧。

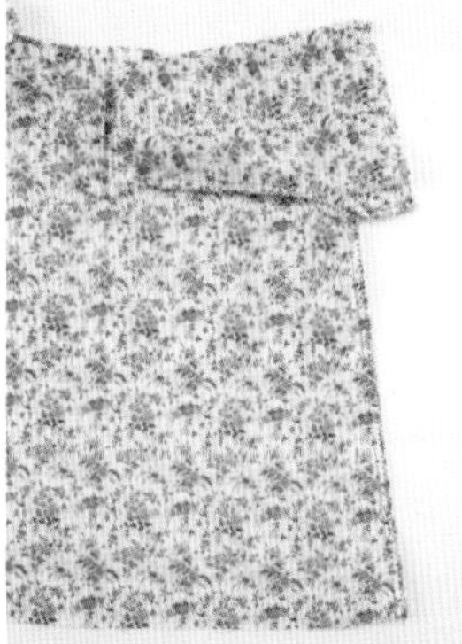

6 从袖口缝合到侧缝、下摆，缝份全部以2片一起做Z字形锁边缝，然后熨压至后面（两侧同）。

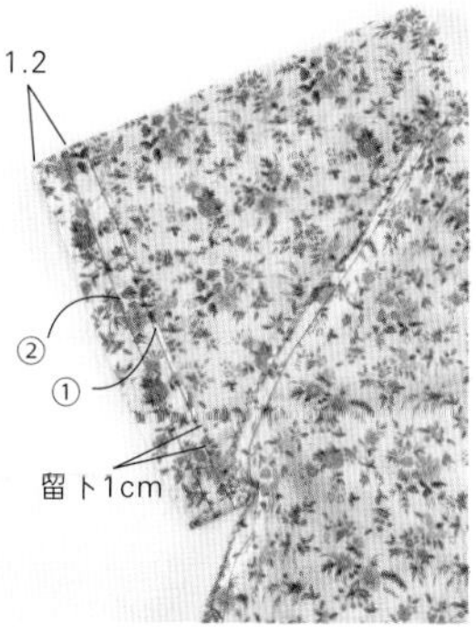

7 将袖口0.5cm、2.5cm处折二折，留1cm的口缝合，然后把松紧带穿入缝合口，最后缝合袖口1.2cm的地方。

4 领口缝上细绳穿过布与饰边

8 将细绳穿过布的两端折进1cm后缝合，然后再用熨斗事先把下侧折1cm，熨压。

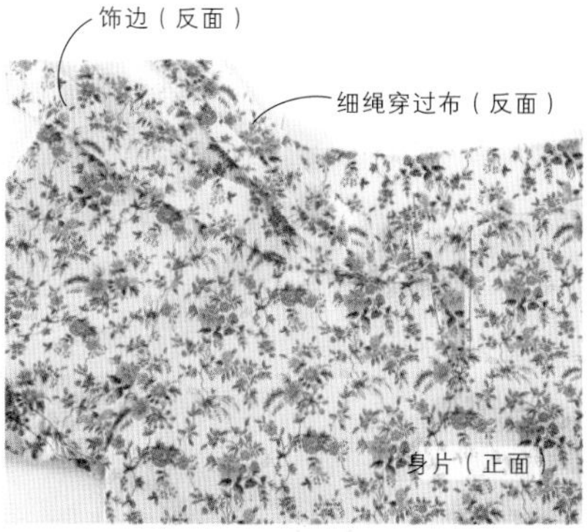

9 重叠饰边与细绳穿过布，然后与身片正面相对，用珠针固定（整个开口边端同）。

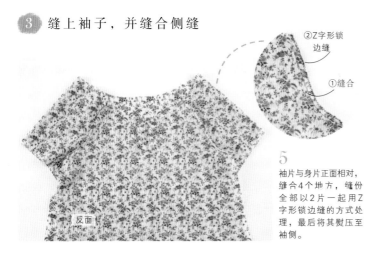

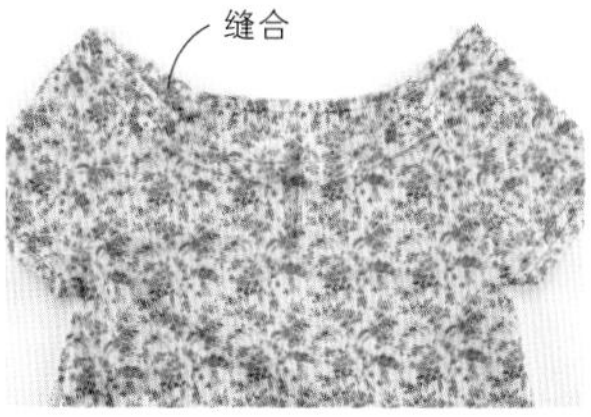

10 将身片、饰边与细绳穿过布，3片一起在1cm的地方缝合。

5 在领口处缝上松紧带与细绳，然后收尾

11 用12mm的滚边器（参照P23）将细绳用布折三折，折成1cm宽缝合（要做2条）。

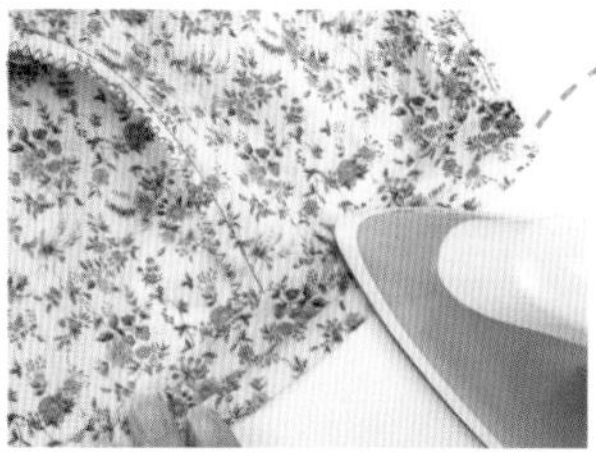

12 把细绳穿过布像包住缝份似的翻过来，然后用熨斗熨烫。

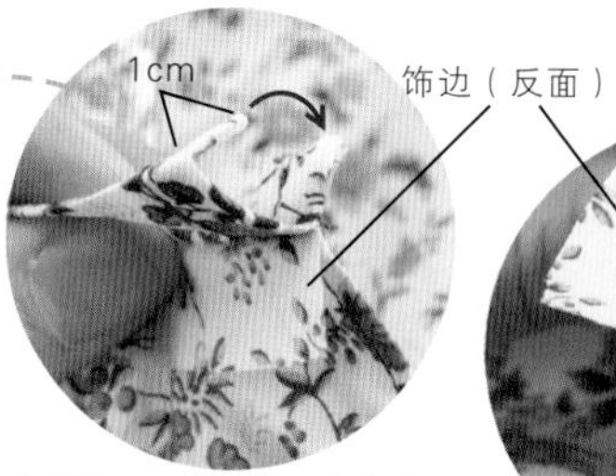

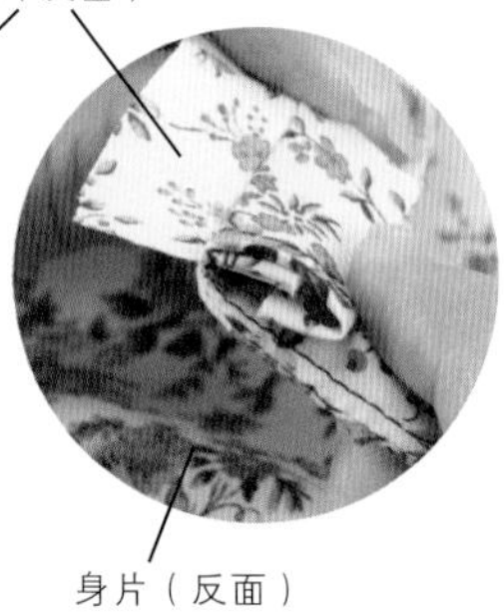

事先折好1cm的缝份，把身片的缝份像包起似的翻过来，自然饰边就立起来了。

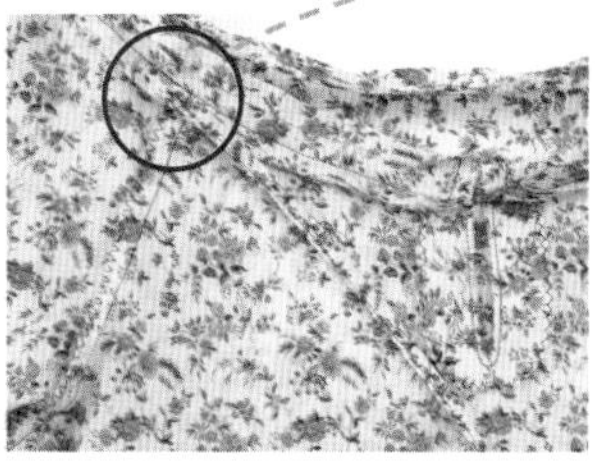

13 将细绳缝在袖交界处的缝份上（两侧都一样）。

这时候，只缝在缝份上，不要缝到身片上。

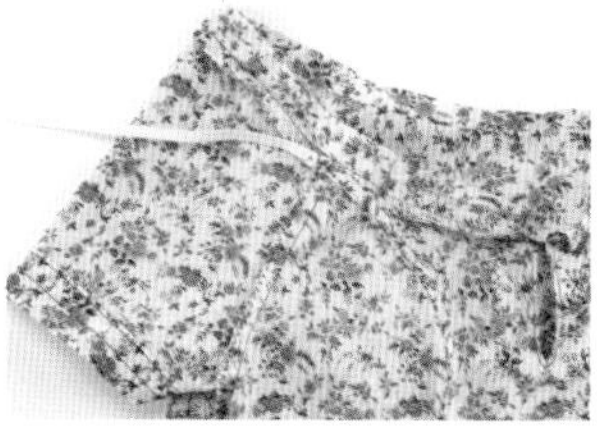

14 在细绳的另一侧，松紧带和细绳一样，只缝在缝份上（两侧同）。

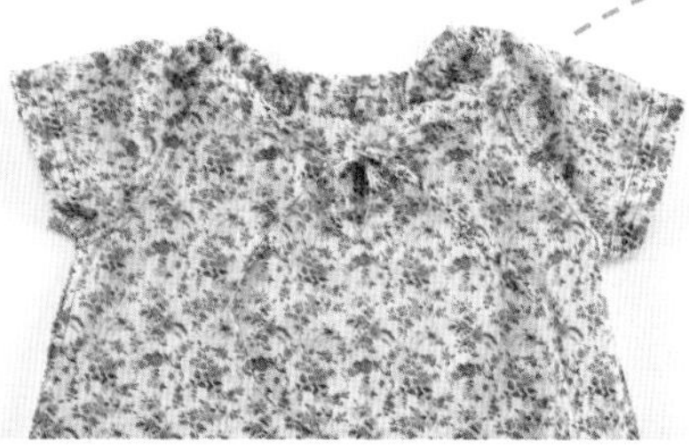

15 边穿细绳、松紧带，边缝合细绳穿过布。这时候，注意不要把细绳和松紧带缝在一起。

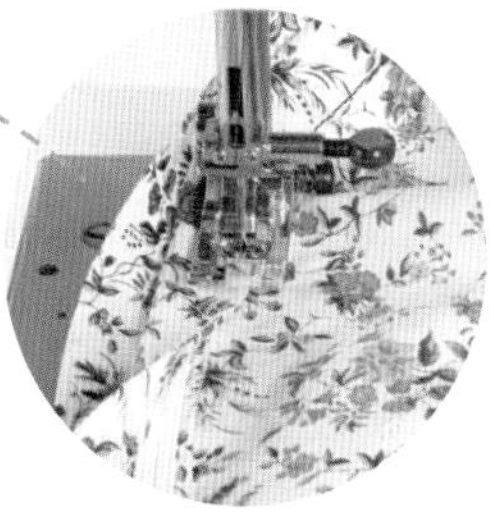

在缝松紧带的时候，要边拉边缝。

6 在袖口处缝上松紧带，下摆折二折后缝合

16 在袖口的松紧带穿入口穿进松紧带，边端重叠1cm左右，缝合固定。

17 将下摆2cm、2cm地折二折后缝合。

完成了

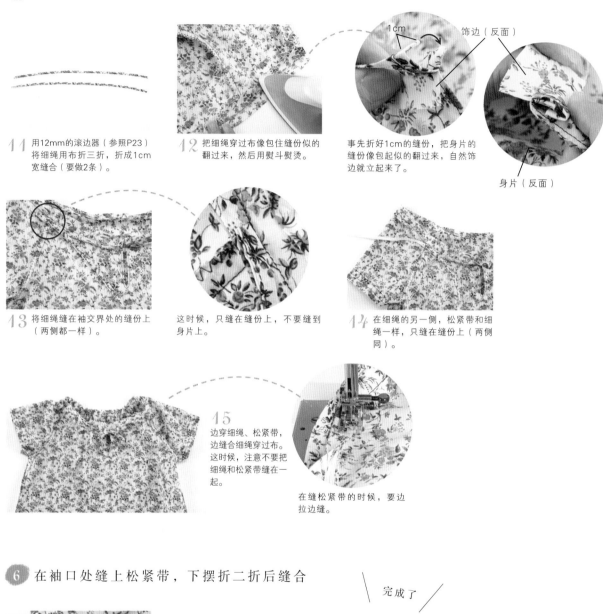

p.43

How to make

低腰身的褶皱连衣裙

- 实物大纸型 C 面［15］〈1－前身片、2－后身片、3－袖片、4－前贴边〉
- 材料（100/110/120/130） 小碎花棉布 110cm×150/150/160/170cm 黏合衬 5cm×10cm
- 完成尺寸（100/110/120/130） 衣长 55.5/59.5/62.5/65.5cm

裁剪图

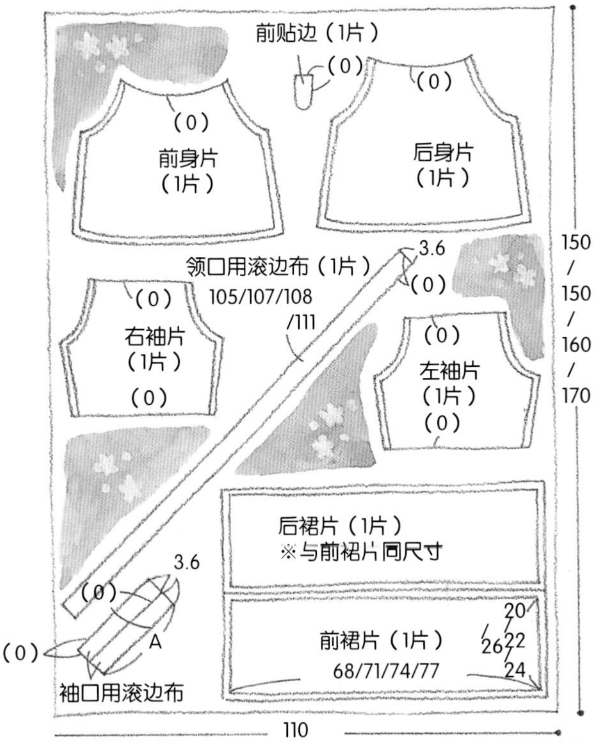

•除指定外缝份皆为1cm
（0）表示剪掉

A=22/23/24/25

缝制顺序

※除步骤3、5、6外，皆与P48的褶皱罩衫做法相同

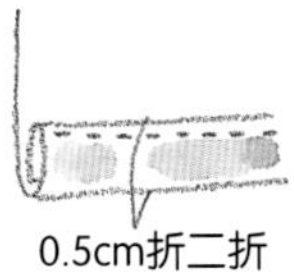

5 在领口处抽褶，之后滚边处理，再做细绳

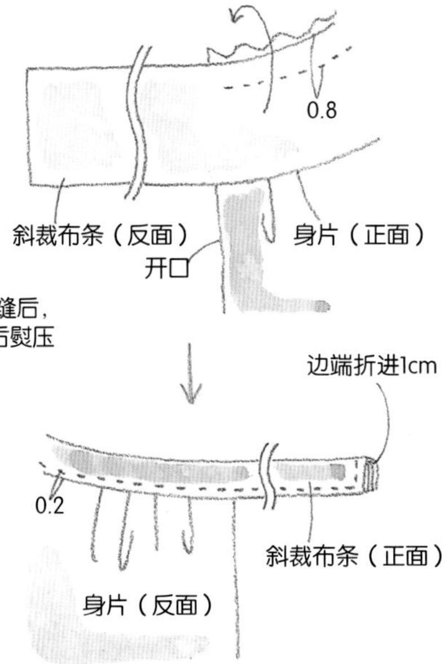

6 裙片抽褶，缝合两边侧缝，之后与身片正面相对缝合在一起

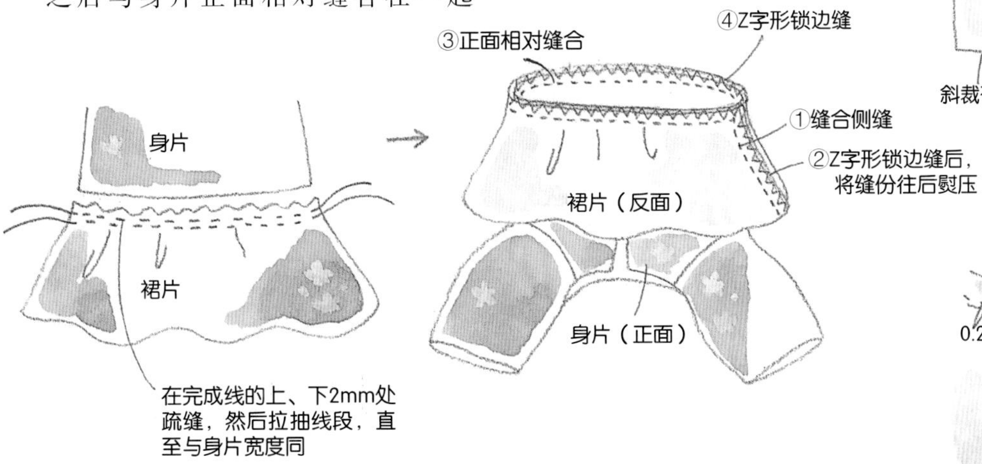

Casual Style

休闲风

享受多层次穿着，让它成为大家喜爱的日常家居服

设计和制作：铃木亚希子（A*Fam）

抽褶吊带裙和
高腰长上衣

只要在方格布上抽褶，
再加个肩带就完成了。
无论是搭条裤子还是单穿都
非常漂亮。
妈妈则是多层次穿着的长上衣。

How to make → P58

胸前的抽褶处理非常可爱，然后在
下摆处缝上蕾丝，就大功告成了。

妈妈的
半裙

选一块喜欢的印花布直线裁剪，再穿条松紧带，就完成一条简单的裙子制作。与扇形褶皱布的内搭裙一起穿着，别有一番味道。

How to make → P73

内搭裙其实就是 P52 的高腰长上衣！把肩带折下去就能当作裙子使用了！只要将扇形褶皱布的边缘由下摆露出，就能与罩裙形成多层次穿搭了！

这是件可爱的连帽上衣。
孩子待在有点凉意的户外，
只穿这一件就够了，很方便！

女孩子的连帽上衣

这是件在插肩袖上，
再加个帽子的小碎花针织连帽上衣。
缝一颗不一样颜色的纽扣，
不仅凸显了重点，也露出了俏皮。

How to make → P76
实物大纸型 D 面［17］

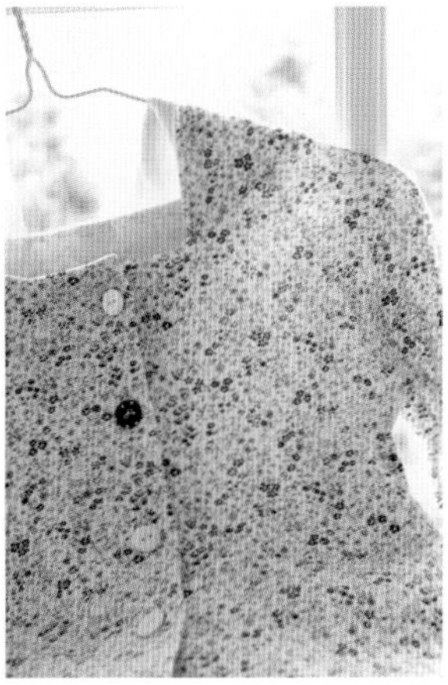

戴上帽子就能应付小一点点的雨了！
还有，记得要选一块能衬出孩子肤色的布。

小女孩的
双层裙

原色衬裙与格子
外裙合而为一，
勾勒出轻柔又可爱的轮廓。

How to make → P74

母女的
八分裤

这是条可以看到脚踝，
穿着舒适的裤子。
像 P52 那样搭配，
也是很常见的。

How to make → P60
实物大纸型 D 面 [18]（女孩）、
D 面 [19]（妈妈）

作者小档案
A*Fam / 铃木亚希子

铃木由制作幼儿园的物品，开始进入手作行列。
现在仍然边尝试，边制作女儿及自己的衣服。
接受杂货店的委托，也在各活动中销售自己的
物品。目前是 7 岁男孩和 3 岁女孩的妈妈。
http://a-fam.chu.jp/top.html

p.53

How to make

抽褶肩带长裙和高腰长上衣

- **女孩服的材料**（100/110/120/130） 方格图案的亚麻布 110cm×100/110/120/130cm 蕾丝 4.5cm×150cm
  抽褶布条（3 股松紧带）24/25/26.5/28cm 10 根
- **妈妈服的材料**（M/L 通用）扇形蕾丝 110cm×170cm 抽褶布条（3 股松紧带）30cm 10 条
- **完成尺寸**（100/110/120/130、M/L 通用） 女孩衣长 56/62/68/74cm 妈妈衣长 85cm

裁剪图

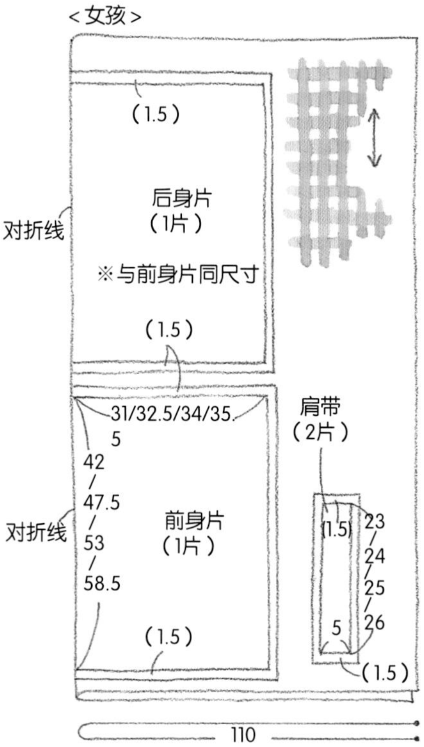

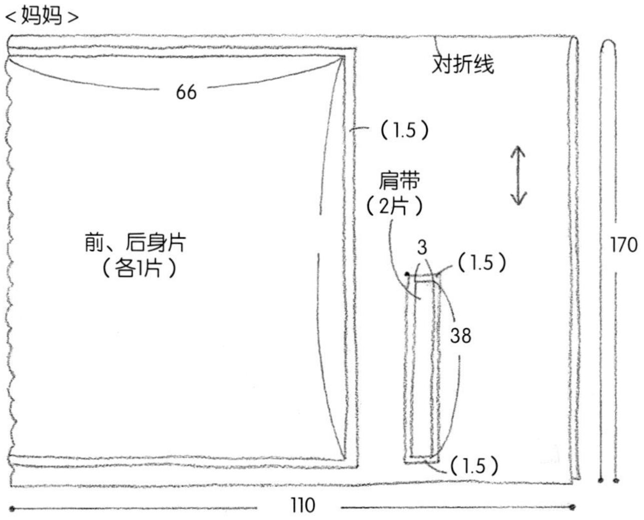

· 除指定外，缝份皆为1cm
（　　）内为缝份

缝制顺序

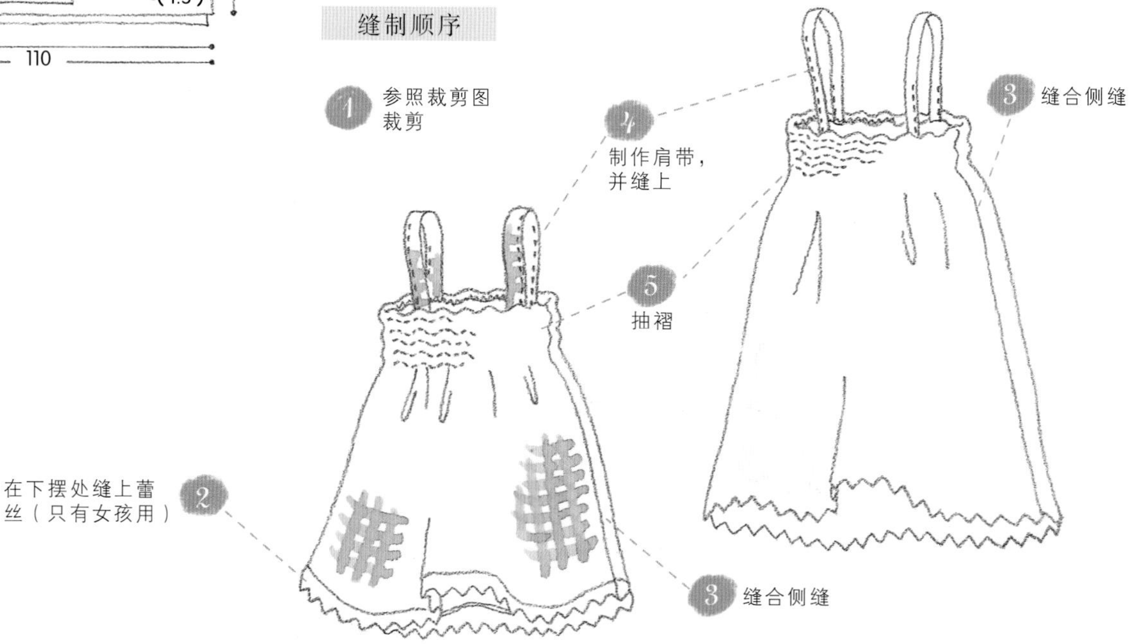

2 在前、后身片的下摆缝上蕾丝（只有女孩用）

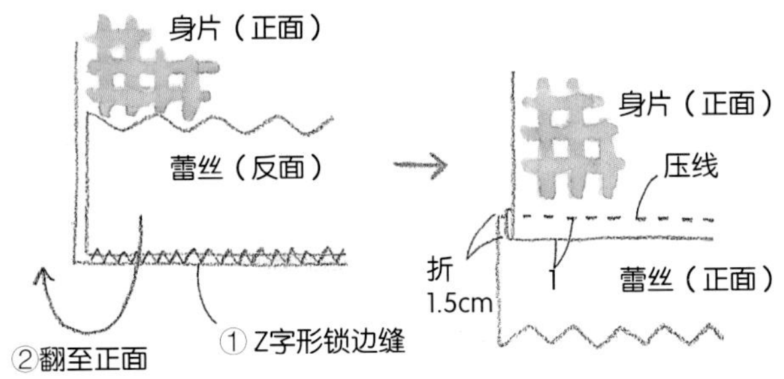

3 前、后身片正面相对，然后缝合侧缝

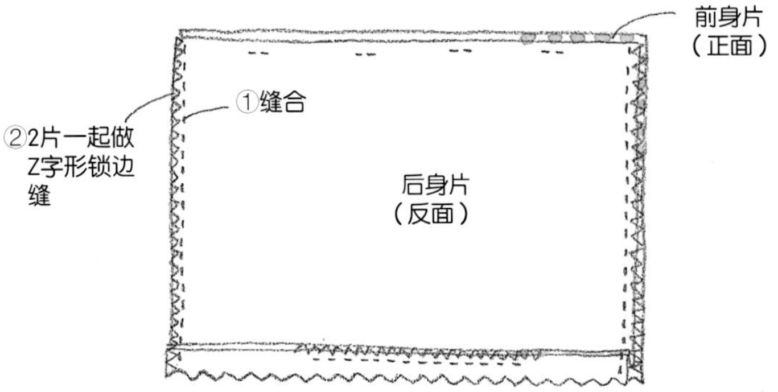

4 制作肩带，然后缝在身片上

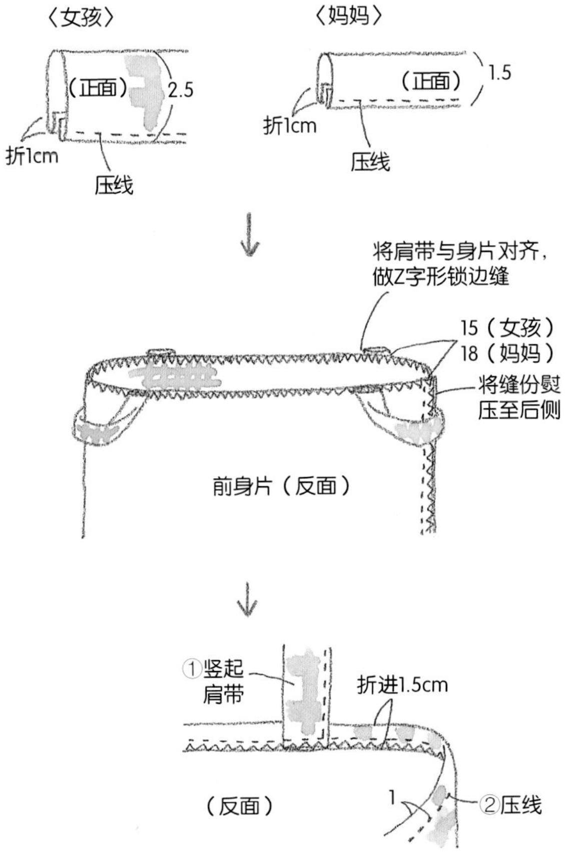

5 抽褶

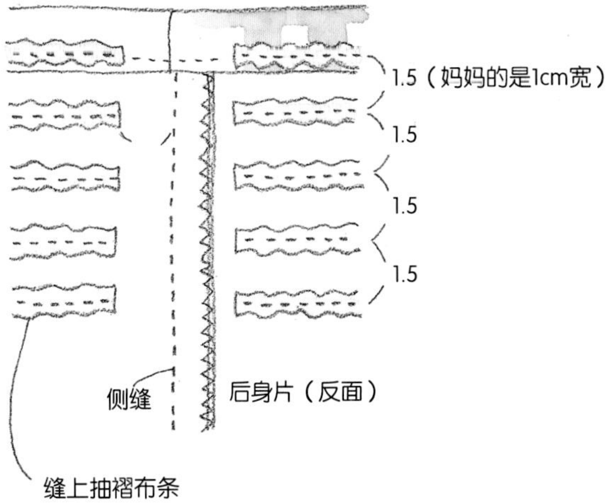

p.57

How to make

母女的八分裤

- 实物大纸型 D 面［18］（女孩）、D 面［19］（妈妈）〈1 – 前裤片、2 – 后裤片〉
- 女孩的材料（100/110/120/130） 棉麻牛津布 110cm×70/80/90/100cm 松紧带 50 ~ 60cm
- 妈妈的材料（M/L 通用） 棉麻牛津布 110cm×180cm 松紧带 70cm
- 完成尺寸（100/110/120/130、M/L） 女孩裤长 45/51/55/64cm 妈妈裤长 79.5/80.5cm

裁剪图

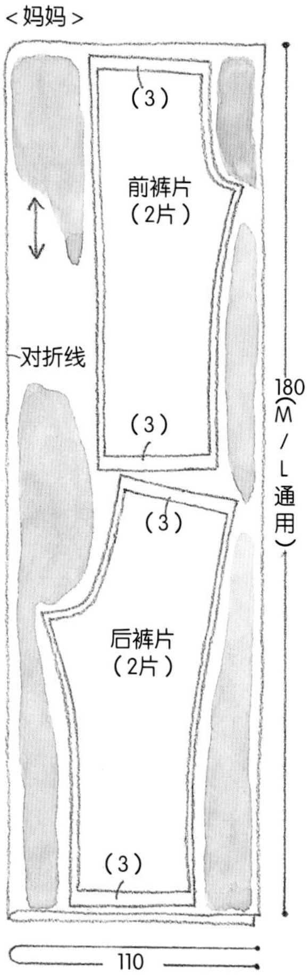

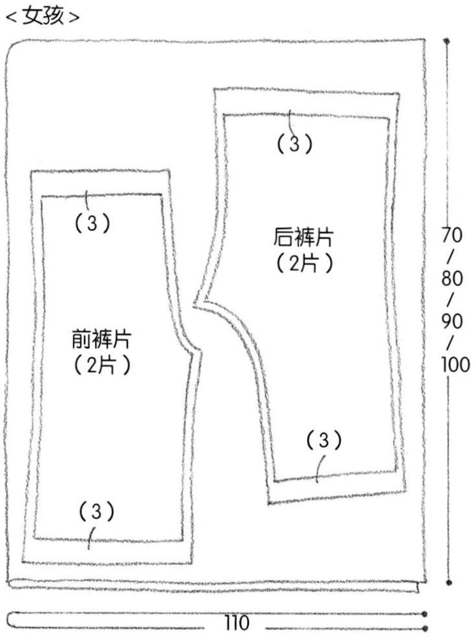

·除指定外缝份皆为1cm
（ ）内为缝份

缝制顺序

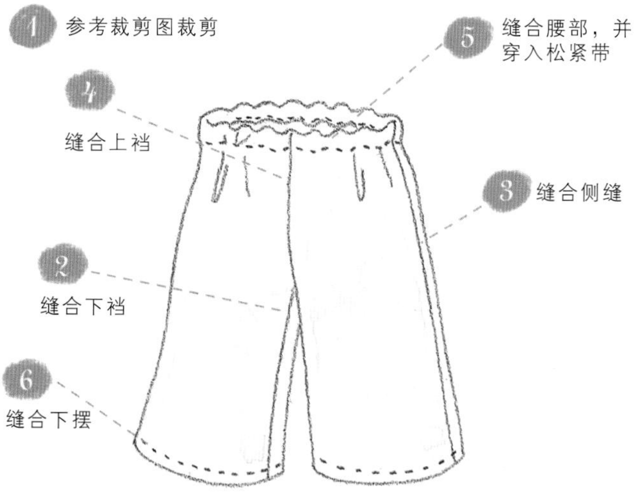

2 前后裤片正面相对后，缝合下裆

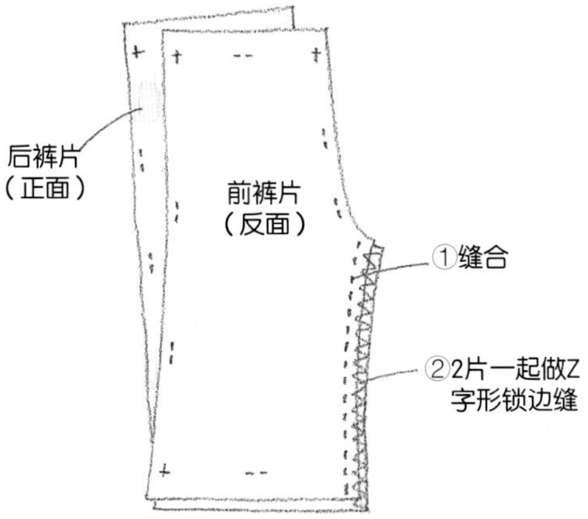

3 缝合侧缝

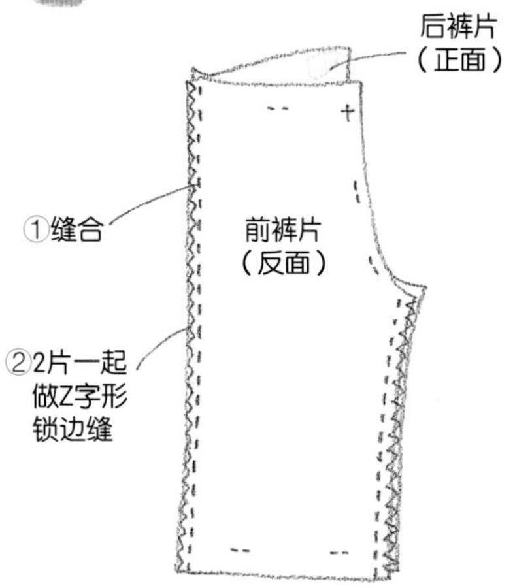

4 像一只脚放入另一只脚那样，正面相对重叠，缝合上裆

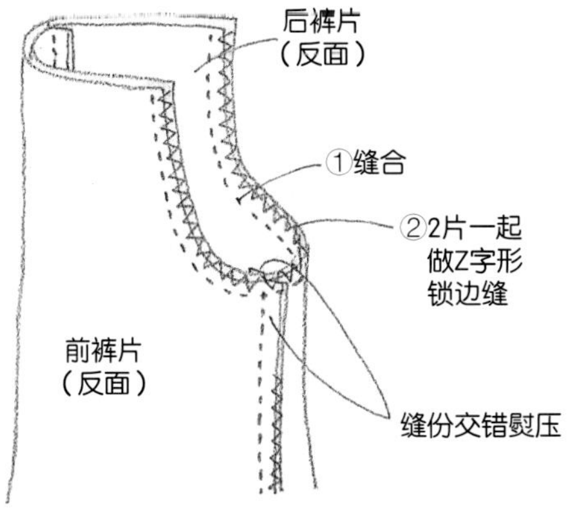

5 缝合腰部，并穿入松紧带

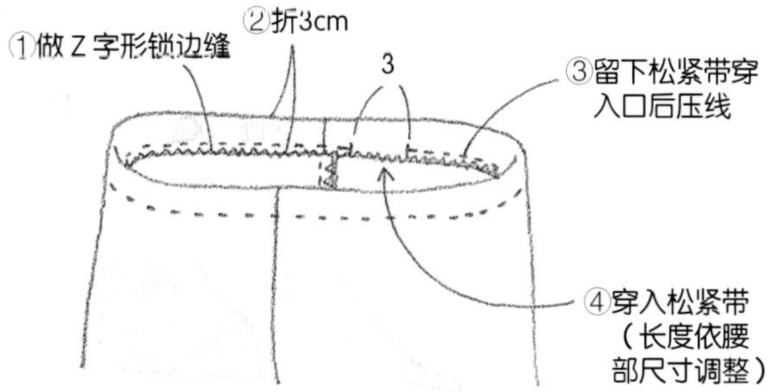

6 下摆折二折后缝合

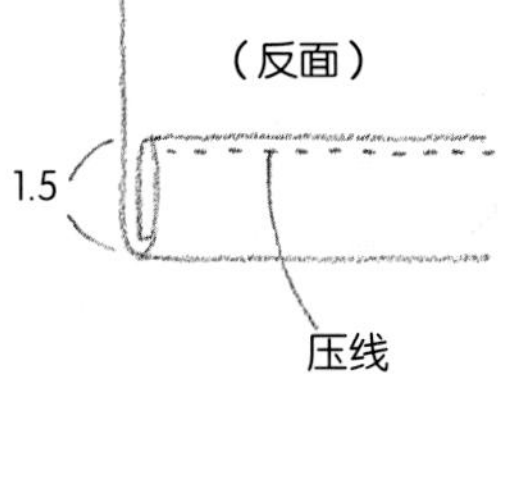

缝纫笔记

需要了解的缝纫基本知识

basic • 基础

整布的方法

通过浸水可以防止布料缩水，为了平整布纹，这是必要的工作。

浸水

将布放在水中浸泡1小时以上，然后放在阴凉处阴干（稍微脱一下水再晒也可以）。

整布

在布料半干的状态下，与布纹成直角的方向拉平。

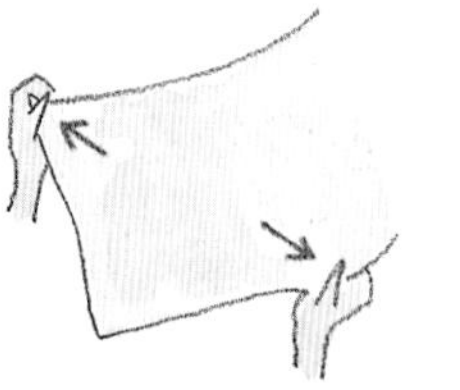

熨平

顺着布纹熨布，整理布纹。

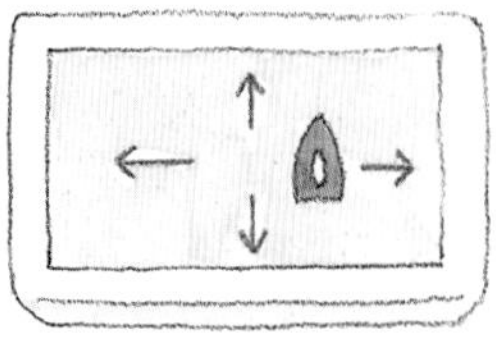

做记号、裁剪

从实物大纸型上将纸型印下来，然后复印到布上，裁剪。

先选择实物大纸型，然后用颜色鲜明的笔在上面描绘，之后覆盖透明纸，用铅笔描出完成线（布纹线、记号等重点也要一并标示出来）。然后用剪刀剪下。

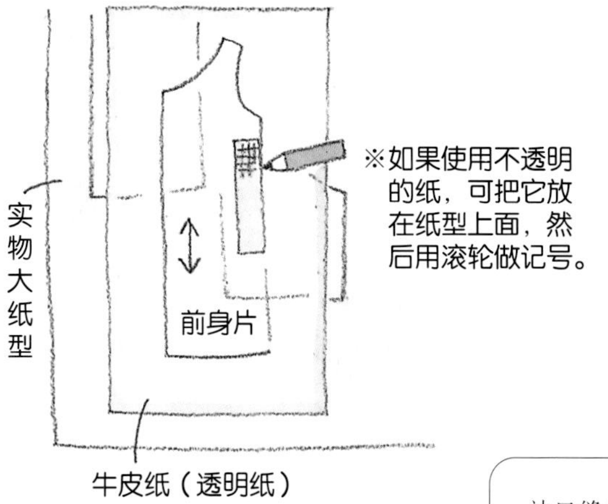

把纸型放在布上，用珠针固定，然后参照制作页的裁剪图画出缝份，依缝份线裁剪。

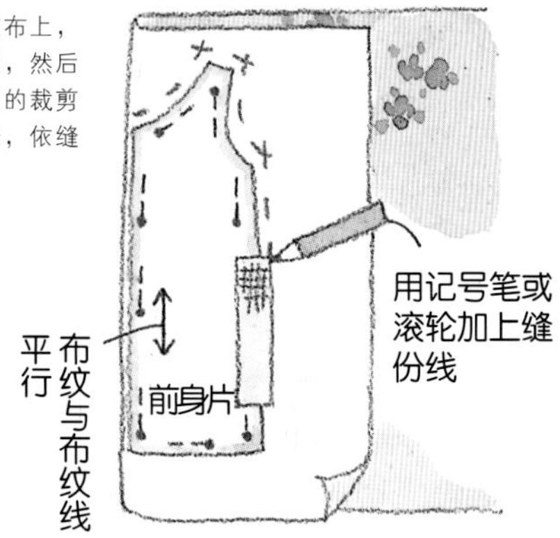

袖口缝份的添加法

将纸型放好，把袖口的缝份依完成线翻起，画出袖下的缝份线，然后裁剪。

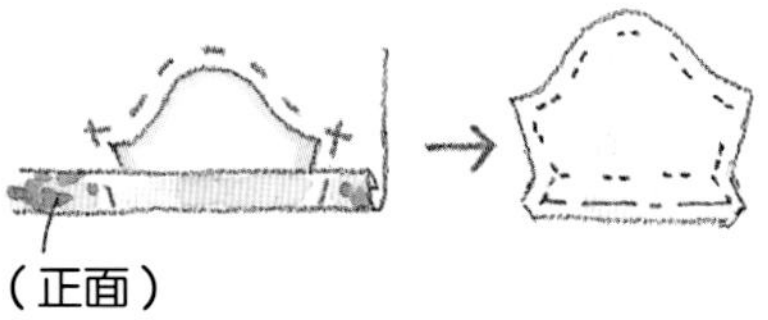

name & mark • 名称与记号

与布有关的名称与记号

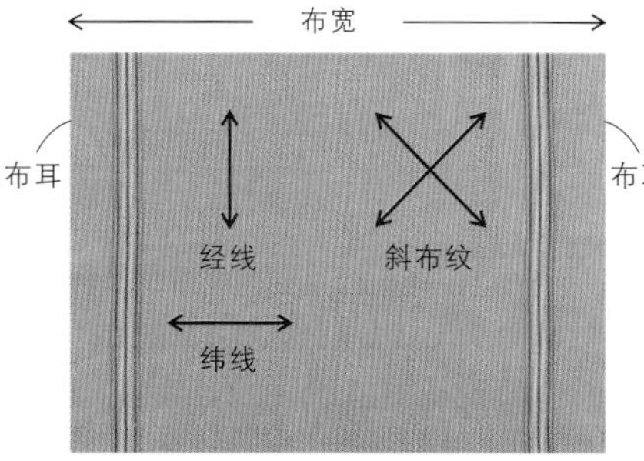

与衣服有关的名称

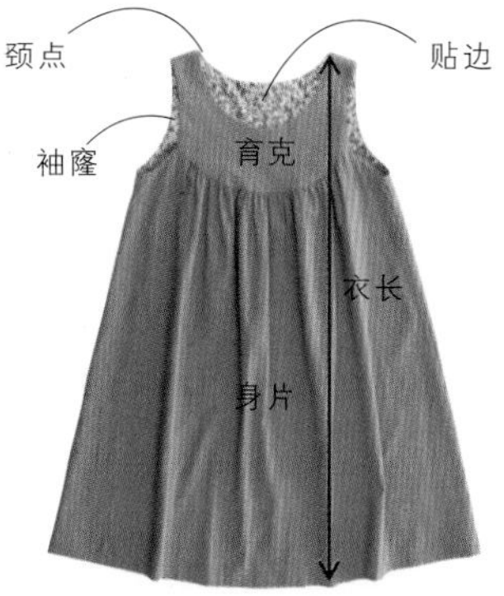

各名称的意思参考P65一定要记住的缝纫用语。

technique • 技巧

处理布边的方法

折二折缝合

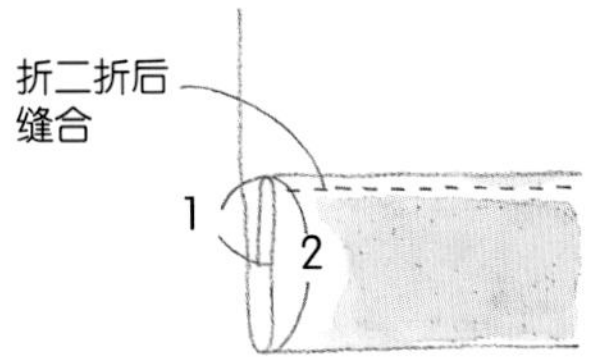

Z字形锁边缝

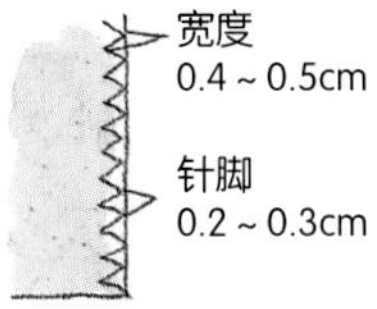

滚边

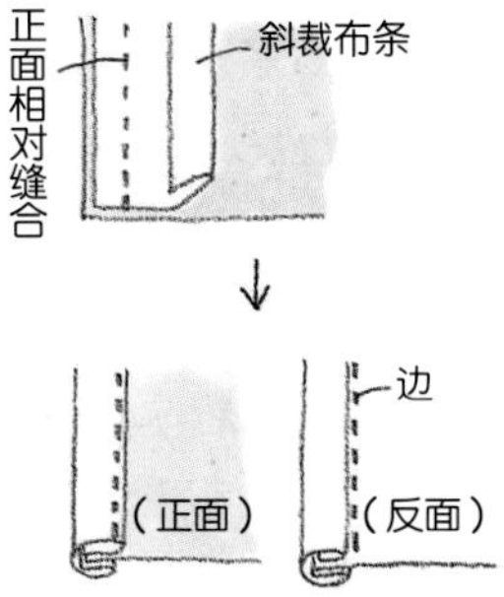

斜裁布条

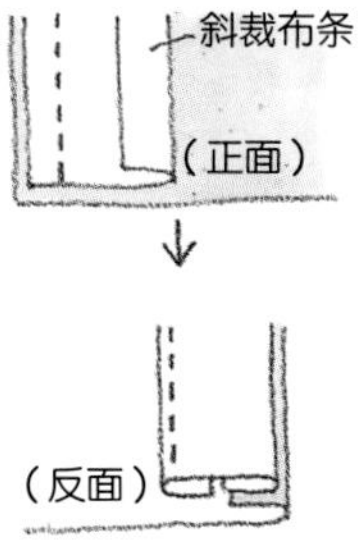

斜裁布条的做法

裁剪方法

面对布纹呈45°
裁剪

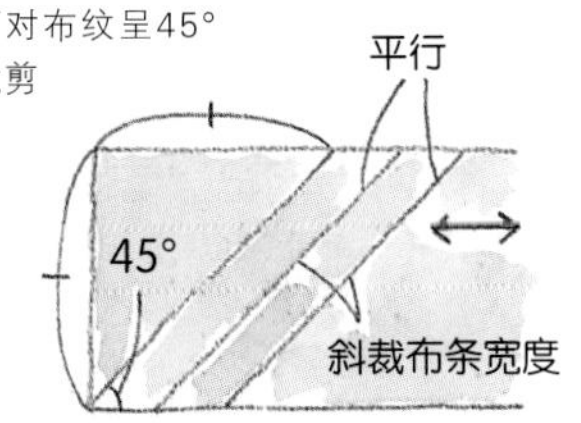

接合方法

将要缝合的布边正面相对缝合。摊开缝份，将多余的布条剪掉。

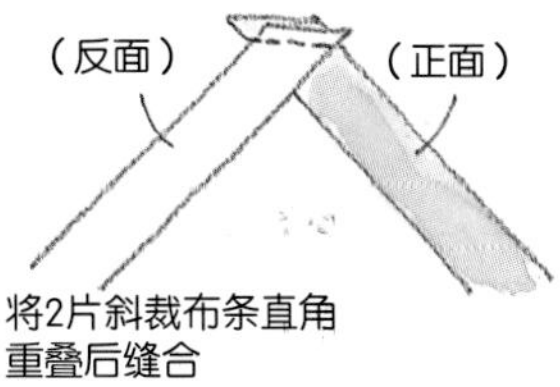

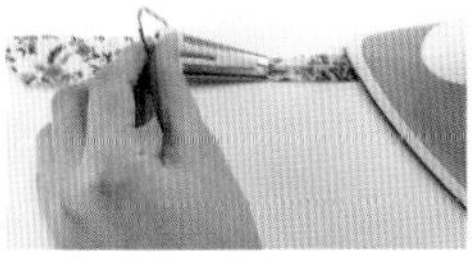

留下必要的宽度，其余的边布用熨斗向内折，斜裁布条就完成了。如果这时使用滚边器（参照P23），就能更轻松完成。

扣眼的做法

将一般的压脚换成制作扣眼用的压脚。

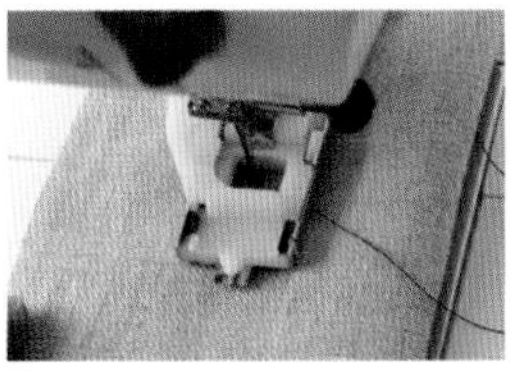

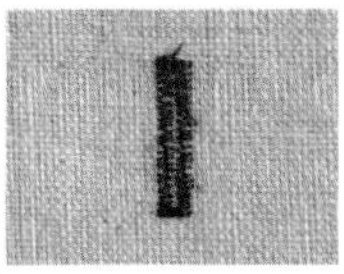

将缝纫机设定为扣眼制作后缝合。扣眼的大小要比纽扣的直径大1.3倍。

抽褶的做法（缩缝）

在完成线的上、下2～3mm的地方，用最宽的针脚车2条疏缝线。

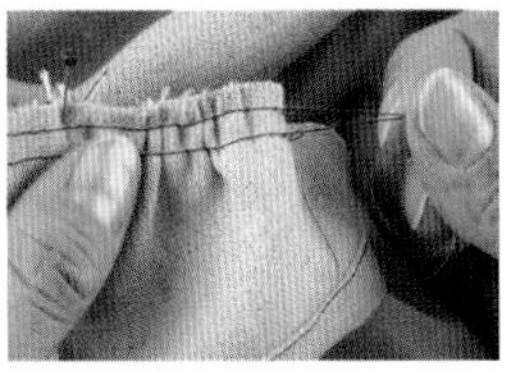

将2条线一起抽紧，均匀做出褶皱。

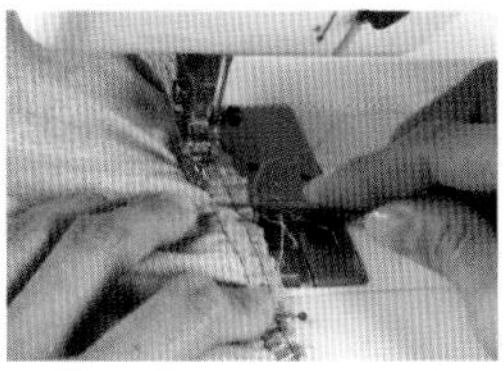

边用锥子将褶皱线弄断边缝合，之后将疏缝线全部拆掉。

索引

本书作品介绍

女孩

连衣裙 ▶▶▶

P3

P4

P13

P43

罩衫

P40

连帽上衣

P55

高腰长上衣 ▶▶▶

P14

P16

P39

P27

开襟上衣 ▶▶▶

P6

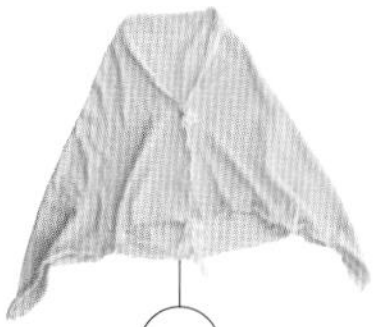
P28

吊带裙

P53

裤子 ▶▶▶

P15

P57

裙子 ▶▶▶

P31

P17

P56

妈妈

连衣裙 ▶▶▶

P3

P13

高腰上衣 ▶▶▶

P15

P27

开襟上衣

P28

高腰长上衣

P53

裤子 ▶▶▶

P15

P57

裙子 ▶▶▶

P17

P54

小物

围巾

P15

P17

发圈

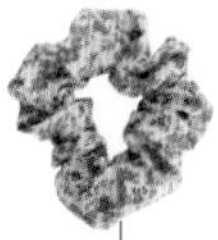
P5

How to make

关于尺寸

- 本书可做女孩身高100/110/120/130　4个尺寸的衣服，妈妈的作品则是M/L2个尺寸。
- 做法中“完成尺寸”的衣长，是指颈点到下摆的长度（参照P62）。

关于裁剪图与用尺

- 女孩作品的裁剪图是依100的尺寸描绘，裁剪前请务必将纸型放在布上确认。
- 如果纸型上没有裙片、腰部等部位时，请依裁剪图的尺寸加上缝份，直接在布上画出裁剪。
- 因为纸型上不包含缝份，所以参照裁剪图。
- 如果没有特别指定，单位皆以厘米（cm）计算。

一定要记住的缝纫用语

记号…两片以上的布要缝合在一起时，为防止歪斜，在要打褶的位置上做一个明显易懂的记号。

开口…为了穿脱容易所做的开口。但有时是为了配合设计所做的。

疏缝…为了做褶皱，而以大针脚车缝。用最大的针脚也无妨。

拼接…是指在育克或裙片部位，要接上布的位置。

做记号…制作衣服时加上必要的记号。

袖窿…衣服要接上袖子的空的部分。

裁剪图…为了有效率地裁剪布料，所绘制的纸型制作图。

缝褶…抓布做出褶子。

缝份的处理…为使布边不要绽开，可用Z字形锁边缝、锁缝、斜裁布条包边、折二折后缝合等方法处理。

斜裁布条…面对布纹，斜45°角剪开。

滚边…布边用斜裁布条等包住，装饰地处理缝份。此外，也可以换线将毛边状的东西夹住，做些装饰。

贴边…为了处理布边或加强布硬度时，将布边重缝到反面。

身片…除了领口、袖子之外，包覆身体的部分。

育克…肩、胸、背、裙腰等处，改用另布做的部分。

用尺…制作衣服时所必要的布的测量工具。

p.6

女孩子的针织开衫

- **实物大纸型A面**［4］〈1－前身片、2－后身片、3－袖片〉
- **材料**（100/110/120/130）
  针织布170cm×50/50/60/60cm　蕾丝1.8cm×110/120/120/130cm
  单胶条形黏合衬1cm×20cm
  ※使用针织布料专用的针与线
- **完成尺寸**（100/110/120/130）　衣长 44/46/48/50cm

裁剪图

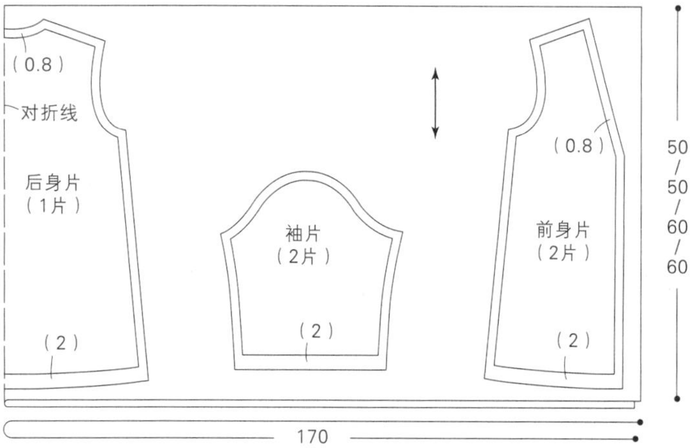

※ 除指定外，缝份皆为1cm
（　）内为缝份

缝制顺序

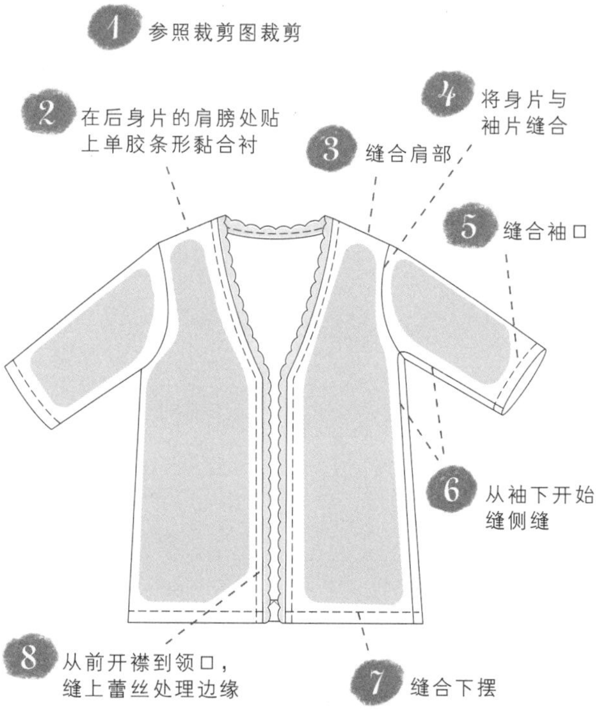

2 将单胶条形黏合衬贴在后身片的肩部

3 缝合肩部，处理缝份，然后将其熨压至后面

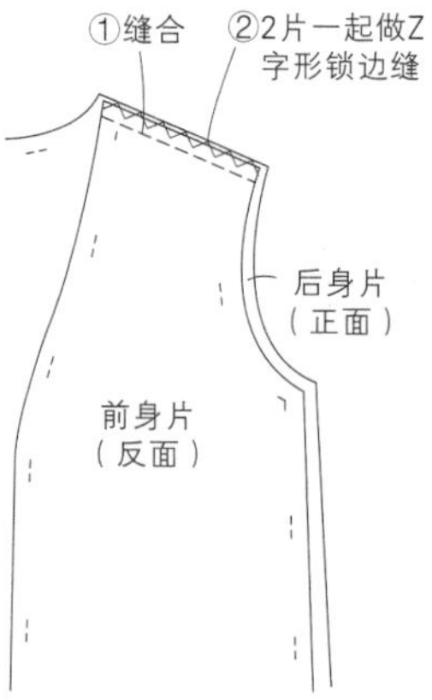

4 将身片与袖片缝合

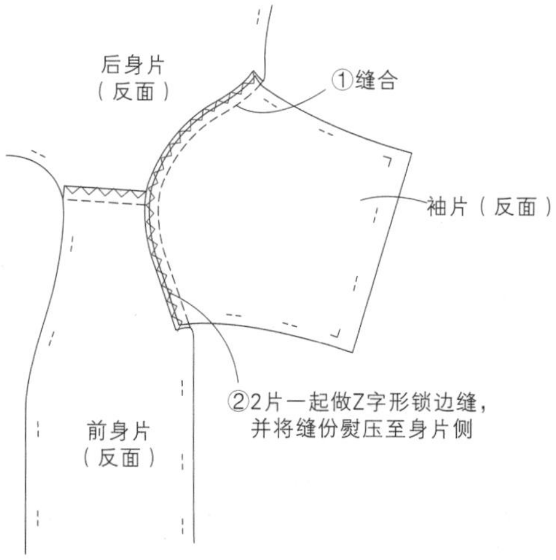

5 将袖口折一折后缝合

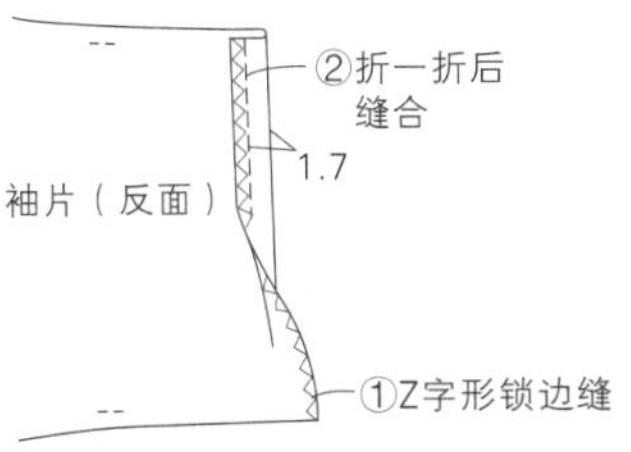

6 从袖下开始缝侧缝

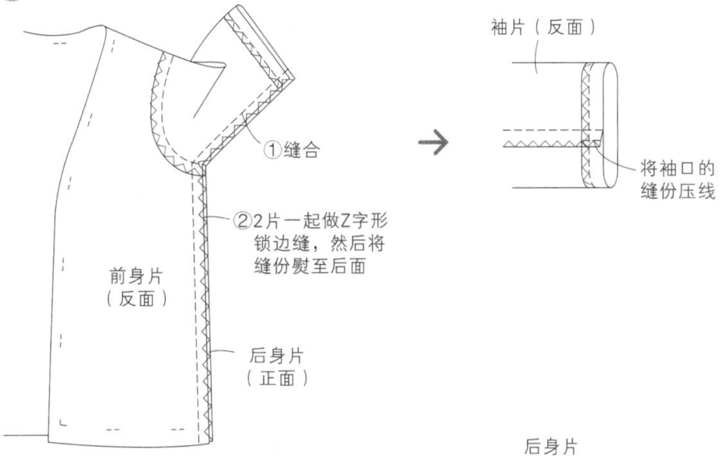

7 下摆折一折后缝合

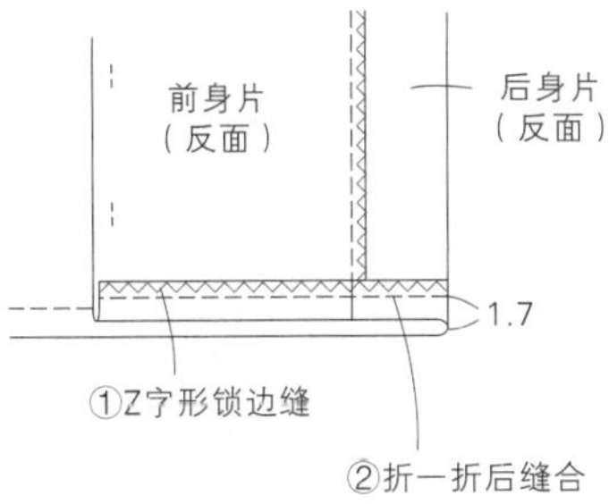

8 在前开襟、领口处缝上蕾丝处理边缘

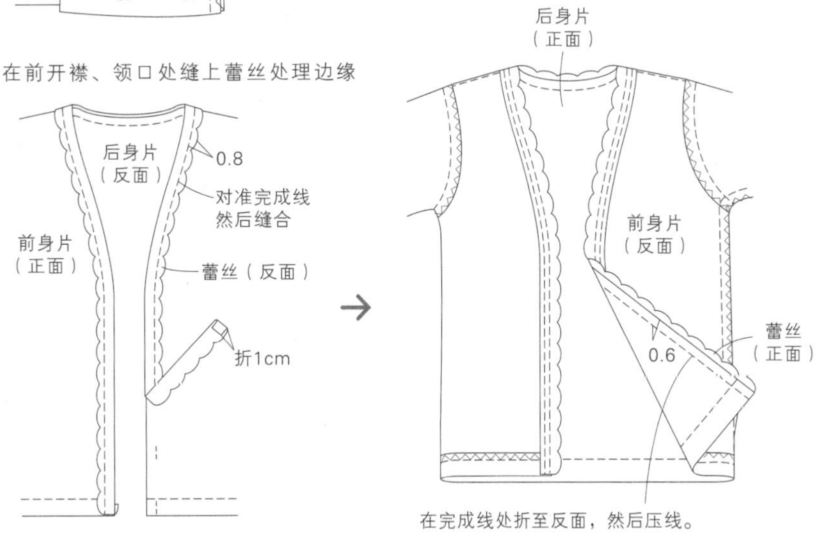

p.5
发圈

● **材料** 小碎花棉布10cm × 50cm 松紧带0.6cm × 20cm
● **完成尺寸** 直径约10cm

缝制顺序

1 裁剪

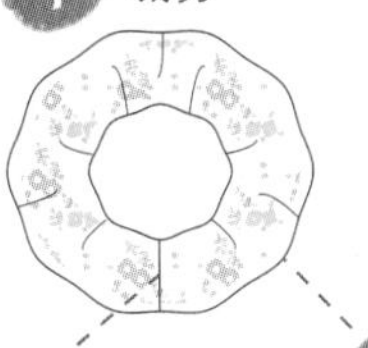

2 缝成环状

3 留下返口，缝合上下两条边

4 翻至正面，穿入松紧带，然后缝合返口

1 剪布 ※裁剪

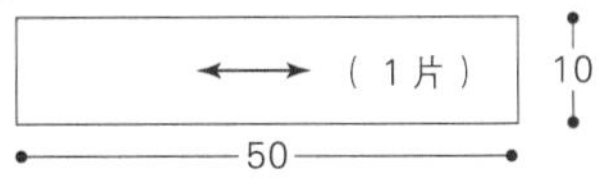

2 对折缝成环状

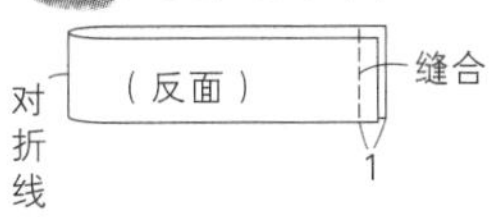

3 上下两条边正面相对缝合

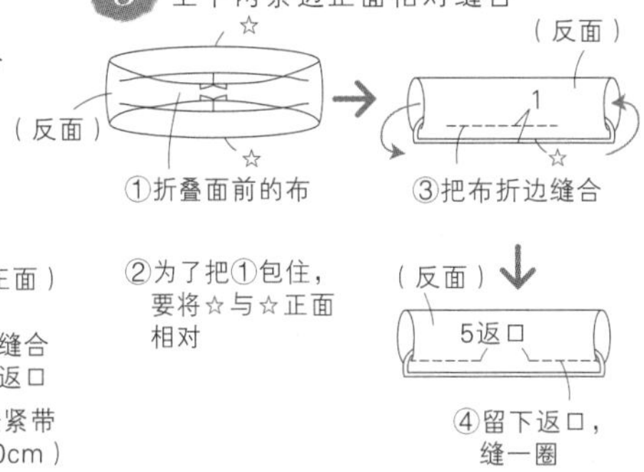

4 从返口翻至正面，穿过松紧带后缝合返口

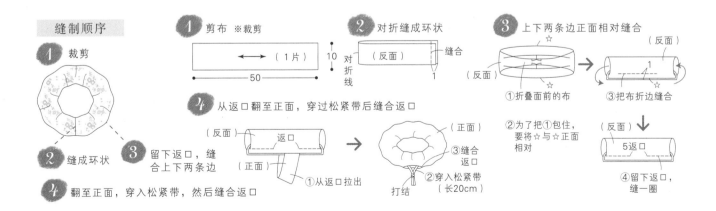

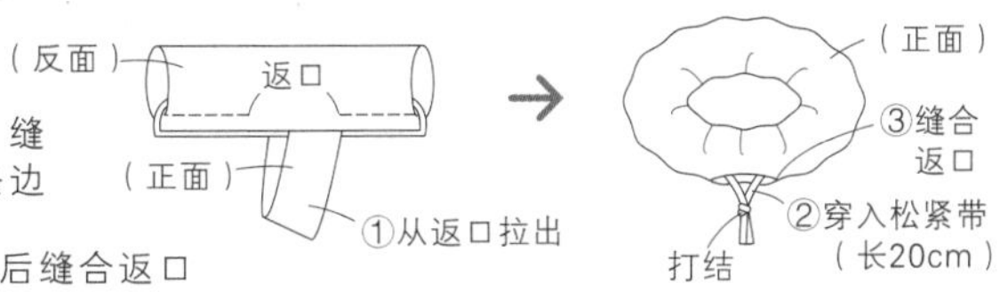

p.15

妈妈的V领高腰长上衣

- **实物大纸型B面**［8］〈1－前身片、2－后身片〉
- **材料**（M/L）
  白色亚麻布150cm×130cm（M/L通用）　单胶条形黏合衬0.5cm×60cm　蕾丝5cm×50/52cm
- **完成尺寸**（M/L通用）　衣长 84cm

裁剪图

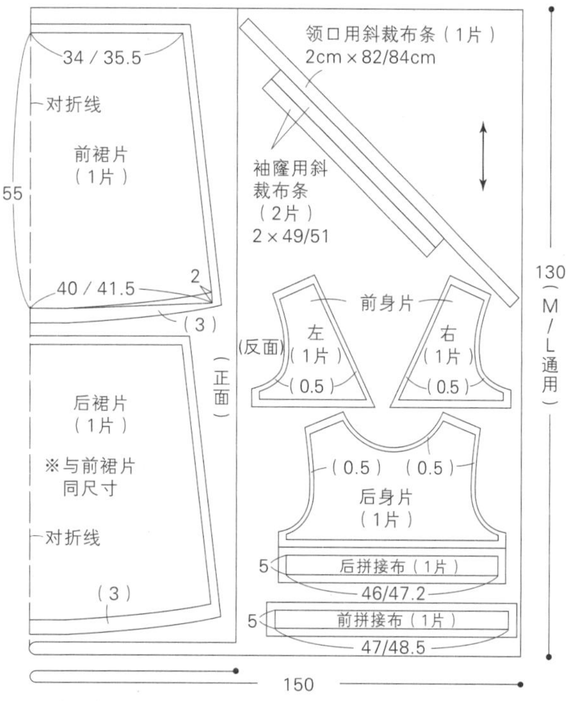

※除指定外，缝份皆为1cm
（　）内为缝份

缝制顺序

2 在前身片的领口贴上单胶条形黏合衬

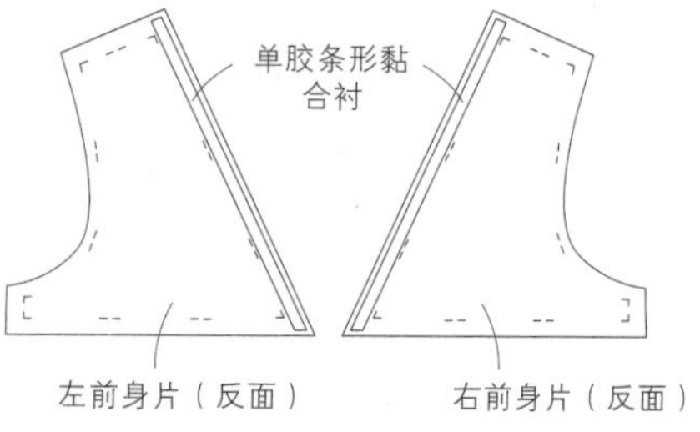

3 缝合肩部，分开缝份

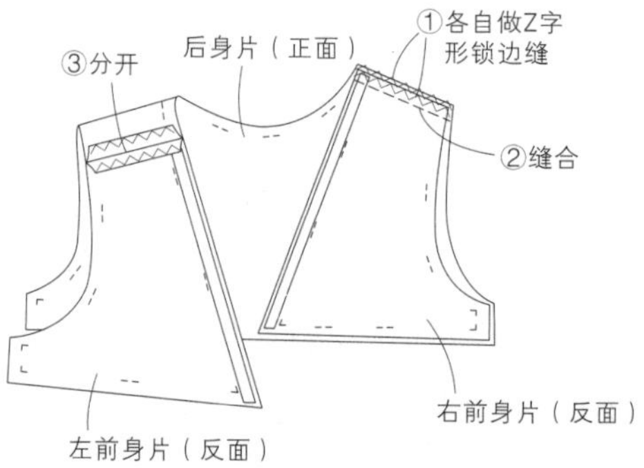

4 领口以斜裁布条处理
前身片（正面）
斜裁布条（反面）
①缝合
1
0.5
0.5
②在弯曲处
剪小牙口
后身片（正面）
（反面）
前身片（反面）
把斜裁布条翻至
正面后缝合
1
斜裁布条（正面）
后身片（反面）
5 将身片与拼接布
正面相对后缝合
后身片（正面）
前身片（反面）
①缝合
②2片一起做Z字
形锁边缝，然
后将缝份熨至
下面
前拼接布（反面）
后拼接布（正面）
※后面的缝法相同
6 裙片抽褶，然后与拼
接布正面相对缝合
①在裙片抽褶（参照P63）
前拼接布（反面）
②缝合，然后将褶皱用
的疏缝线拆掉
③2片一起做Z
字形锁边缝，
然后将缝份
熨至上方
前裙片
（反面）
※后面的缝法相同
7 在前拼接布上缝蕾丝
前拼接布
（正面）
0.5
蕾丝（正面）
前裙片（正面）
在前拼接布上盖一层蕾丝后缝合
8 缝合侧缝，分开缝份
前身片（反面）
后身片（正面）
①各自做Z字
形锁边缝
②正面相对
缝合
前裙片
（反面）
③分开缝份
后裙片（反面）
9 袖窿以斜裁布条处理
斜裁布条（反面）
0.5
①缝合
1
0.5
②在弯曲处
剪小牙口
前身片
（正面）
重叠1cm
折叠1cm
（正面）
③把斜裁布条翻至
正面后缝合
斜裁布条（正面）
1
前身片
（反面）
10 下摆折二折后缝合
（反面）
1
2
缝合

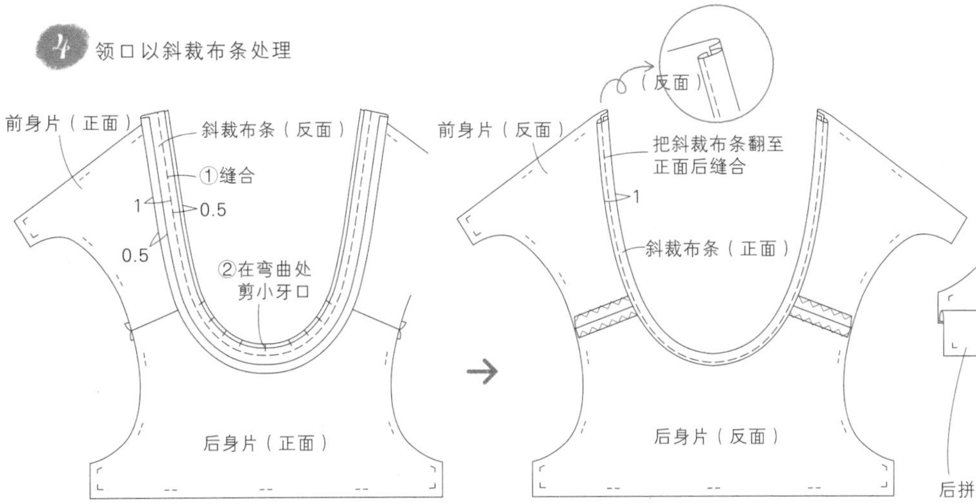

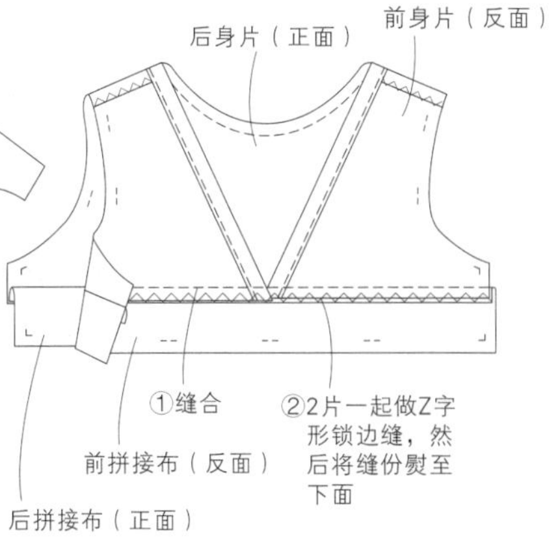

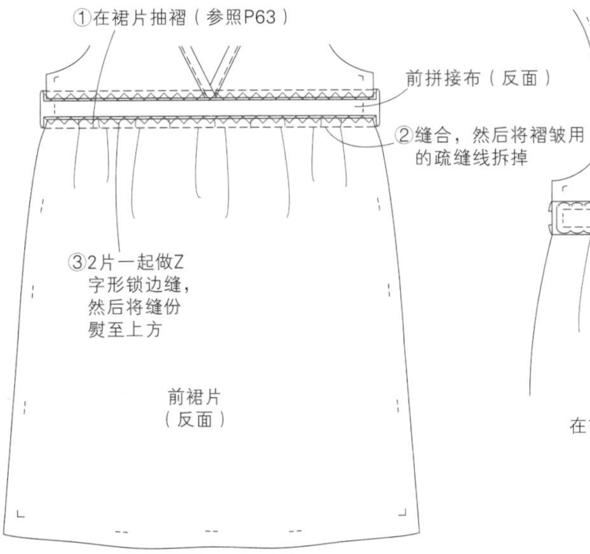

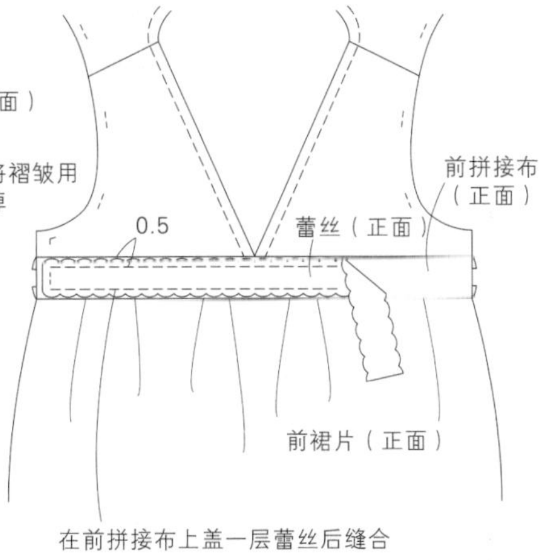

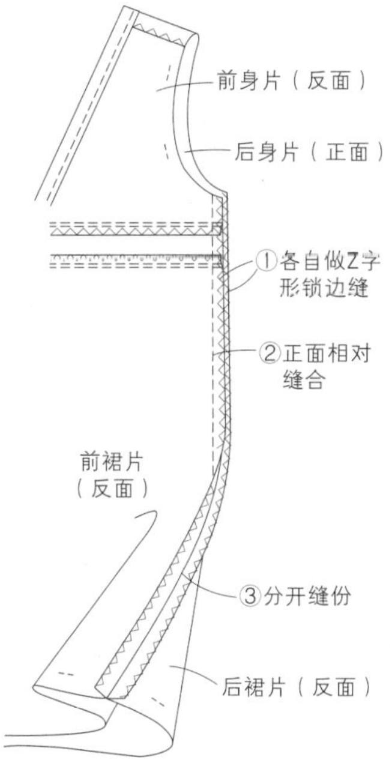

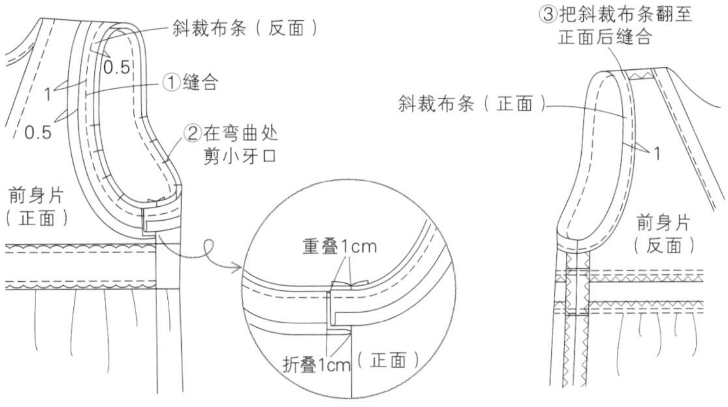

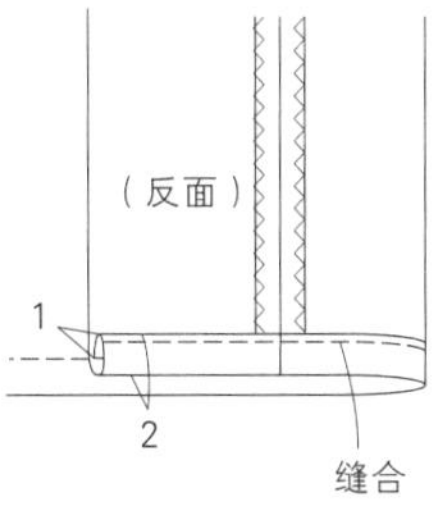

p.15

同款亲子直筒牛仔裤

● **实物大纸型B面**［10］（女孩）、**A面**［5］（妈妈）〈1－前裤片、2－后裤片〉
● **女孩的材料**（100/110/120/130） 弹力牛仔布 130cm×70/80/90/90cm
1.5cm宽的松紧带50/60/60/60cm ※使用的针与线参照妈妈的材料
● **妈妈的材料**（M/L通用） 弹力牛仔布 130cm×190cm 1.5cm宽的松紧带60～70cm
※使用针织布料专用的针与线，此外，车缝时请使用弹力牛仔布专用的裁缝线及车缝厚布的针。
● **完成尺寸**（100/110/120/130、M/L通用）
女孩的裤长 53.8/59.8/65.8/71.8cm 臀围55/59/63/67cm
妈妈的裤长 104.5/105.7cm 臀围88/92cm

裁剪图

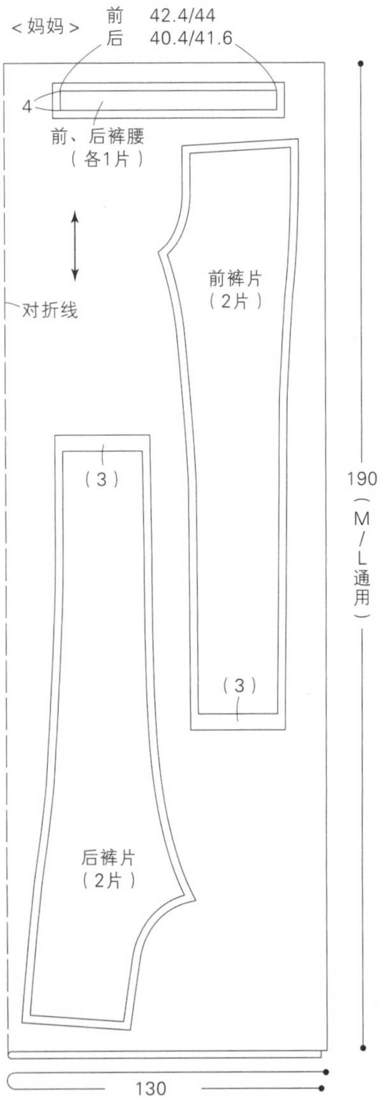

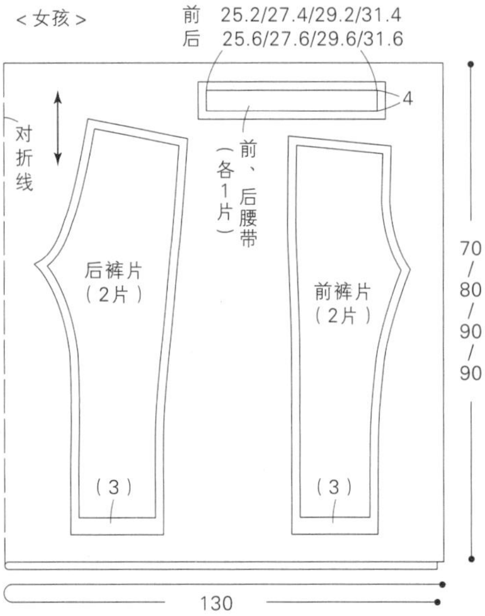

※除指定外，缝份皆为1cm
（ ）内为缝份

缝制顺序 （女孩与妈妈通用）

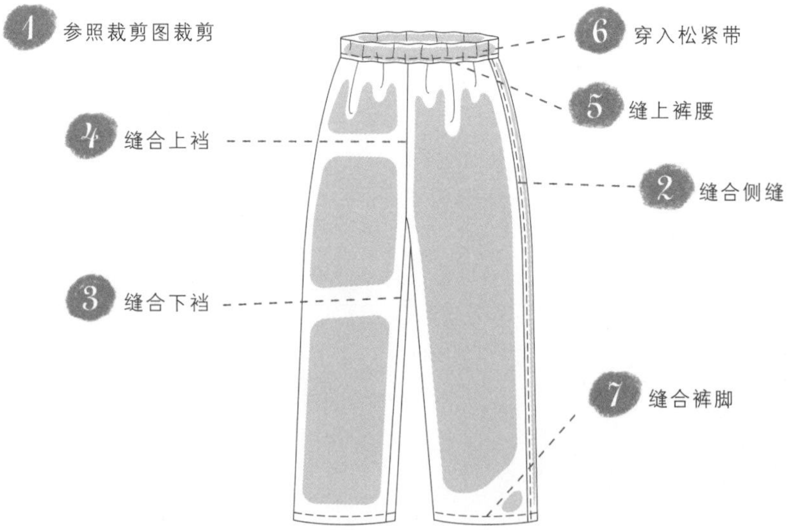

2 缝合侧缝，从正面压线

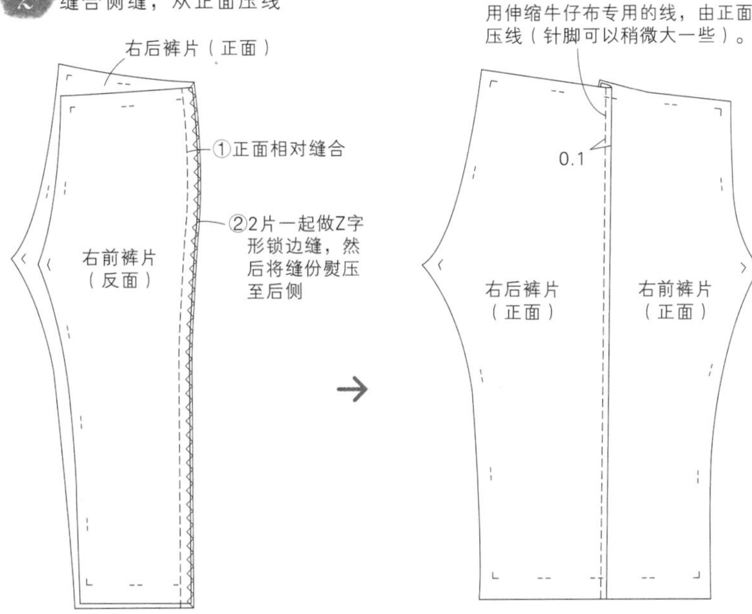
右后裤片（正面）
①正面相对缝合
②2片一起做Z字形锁边缝，然后将缝份熨压至后侧
右前裤片（反面）
用伸缩牛仔布专用的线，由正面开始压线（针脚可以稍微大一些）。
0.1
右后裤片（正面）
右前裤片（正面）

※左裤片也是同样的缝法

3 缝合下裆

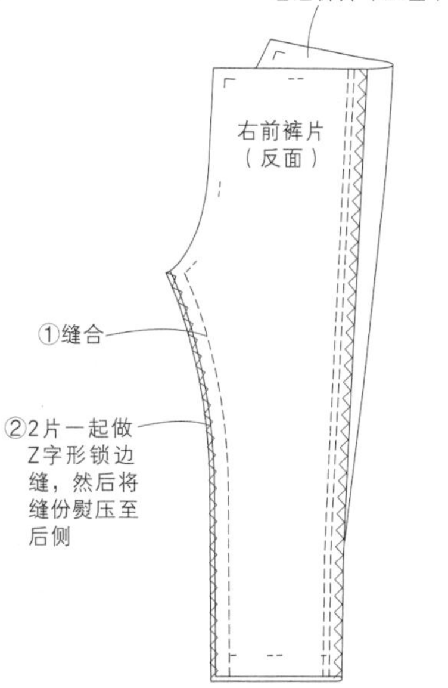
右后裤片（正面）
右前裤片（反面）
①缝合
②2片一起做Z字形锁边缝，然后将缝份熨压至后侧

※左裤片的缝法相同

4 把右裤片放入左裤片里，正面相对，缝合上裆

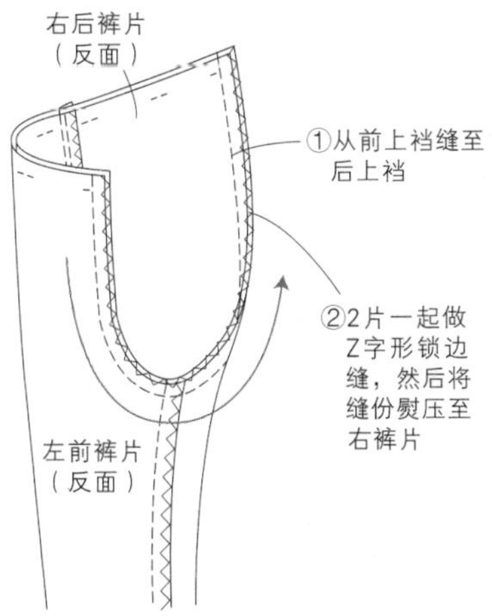
右后裤片（反面）
①从前上裆缝至后上裆
②2片一起做Z字形锁边缝，然后将缝份熨压至右裤片
左前裤片（反面）

5 将裤腰缝成环状，然后缝在裤片上

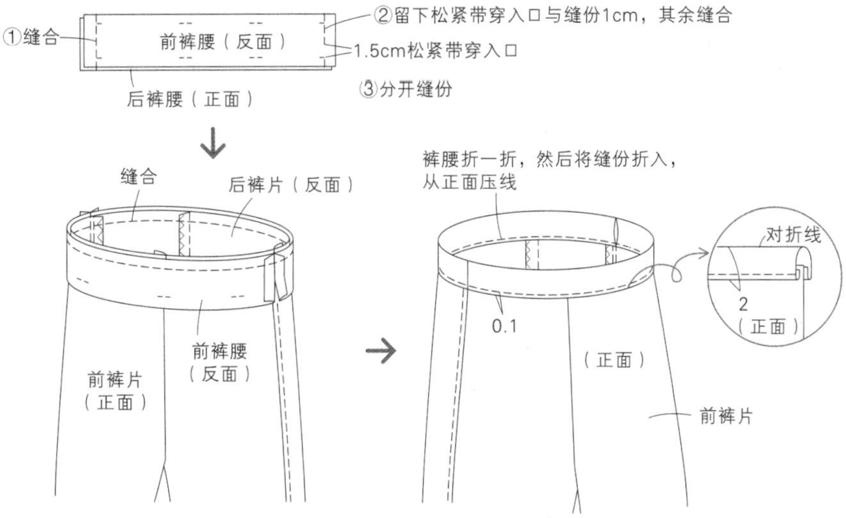
①缝合
前裤腰（反面）
②留下松紧带穿入口与缝份1cm，其余缝合
1.5cm松紧带穿入口
③分开缝份
后裤腰（正面）
缝合
后裤片（反面）
前裤腰（反面）
前裤片（正面）
裤腰折一折，然后将缝份折入，从正面压线
0.1
（正面）
前裤片
对折线
2
（正面）

6 穿入松紧带

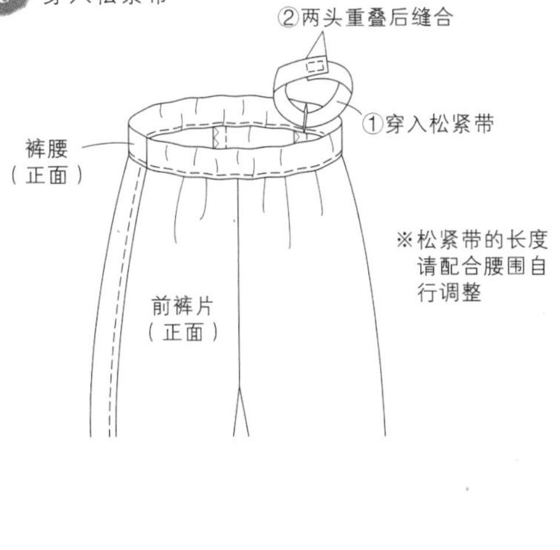
②两头重叠后缝合
①穿入松紧带
裤腰（正面）
前裤片（正面）
※松紧带的长度请配合腰围自行调整

7 裤脚折二折后缝合

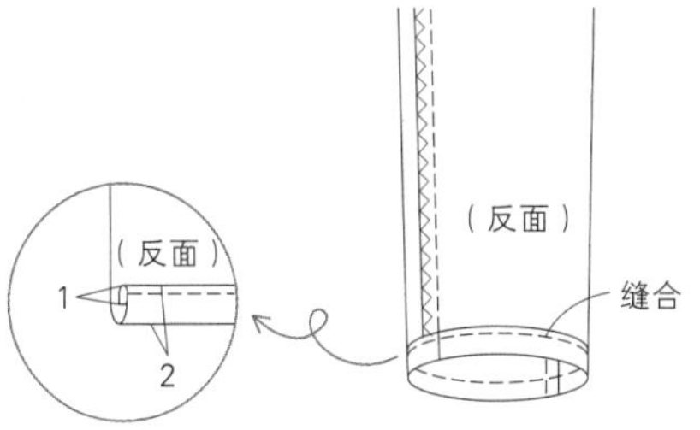
（反面）
缝合
（反面）
1
2

p.28

披风式的开襟上衣

- **女孩的材料**（100/110/120/130） 欧洲缎子白色亚麻平针织布 140cm×50/50/55/55cm
  蕾丝2cm×90/100/100/110cm 按扣 1组 喜欢的蕾丝与碎布 各适量
- **妈妈的材料**（M/L） 欧洲缎子米色亚麻平针织布 140cm×70/75cm 蕾丝2cm×150cm
  （M/L通用） 按扣 1组 喜欢的蕾丝、缎带、碎布 各适量
  ※使用针织布料专用的针与线（女孩与妈妈通用）
- **完成尺寸** 女孩衣长 45/48/51/54cm 妈妈衣长70/75cm

裁剪图

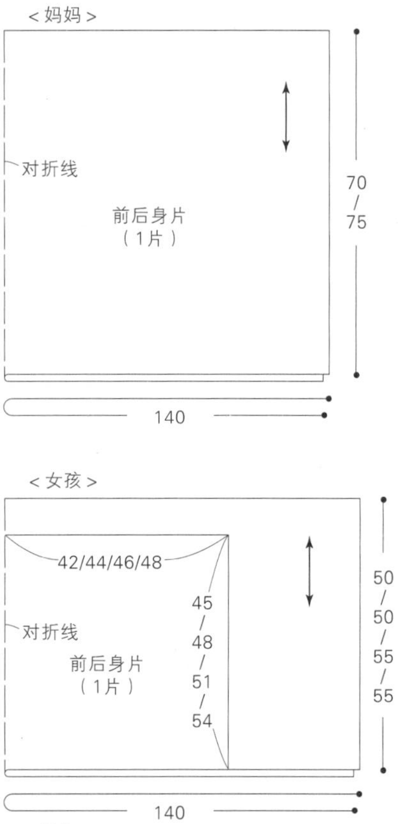

※裁剪

缝制顺序

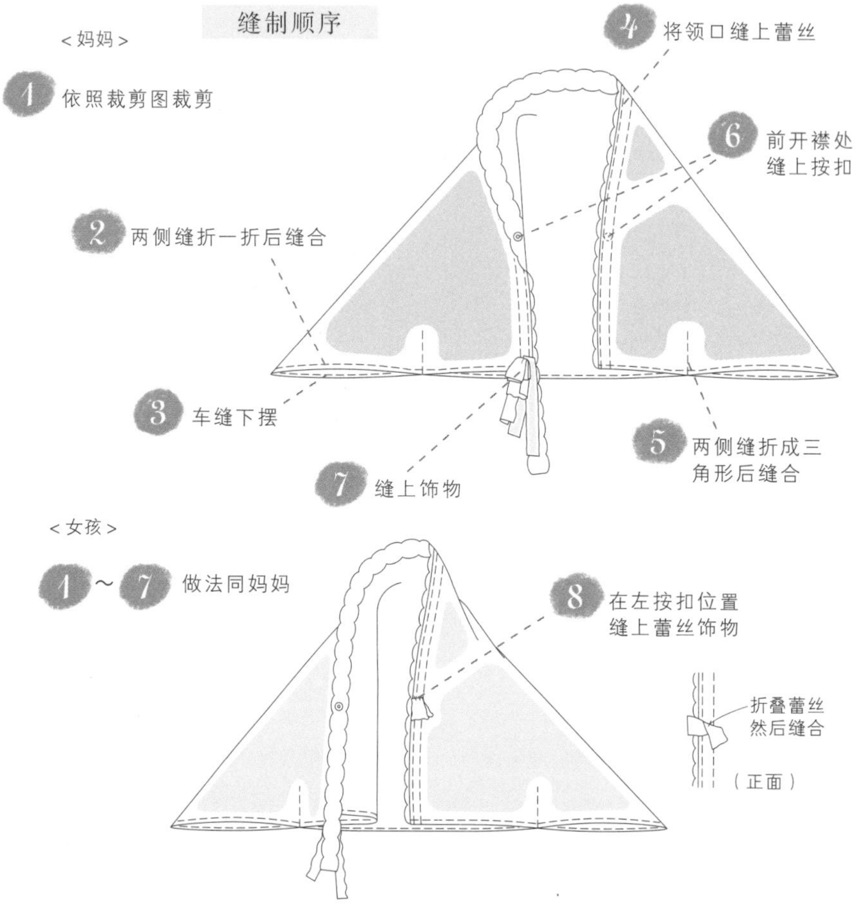

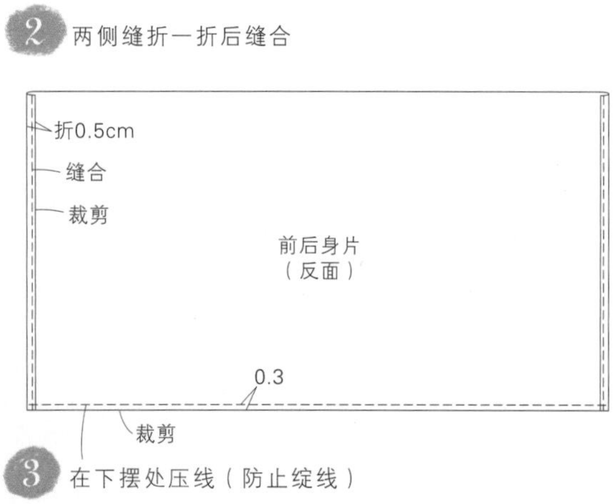

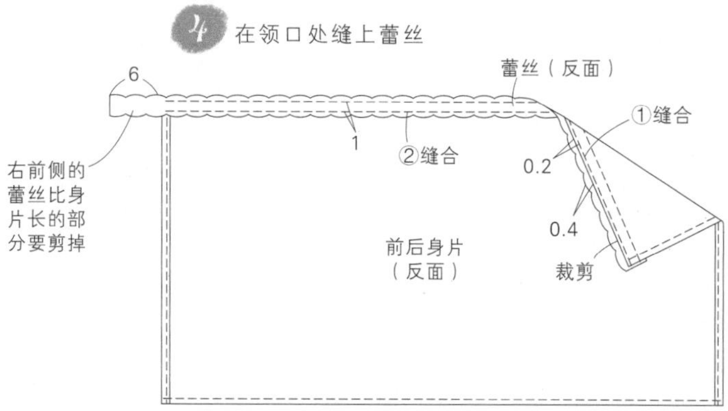

5 两边侧缝折成三角形后缝合

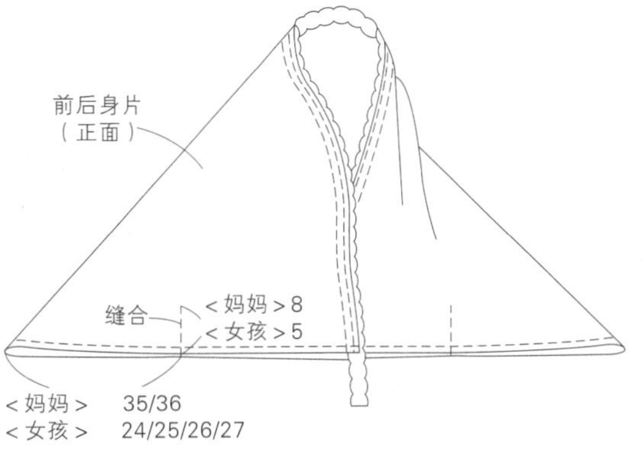

6 在前开襟处缝上按扣

用喜欢的碎布或蕾丝制作饰物

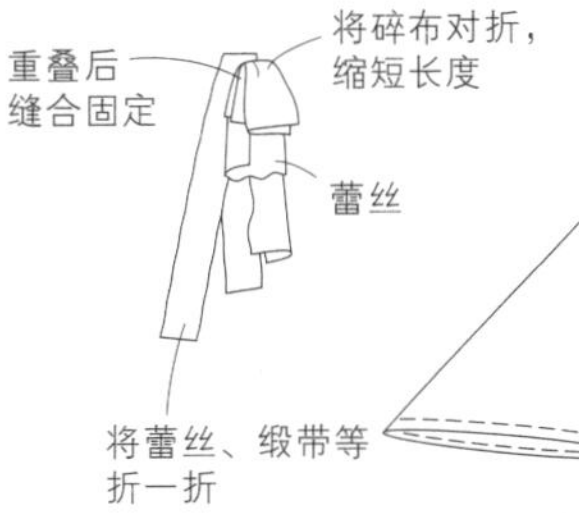

7 在右前下摆缝上饰物

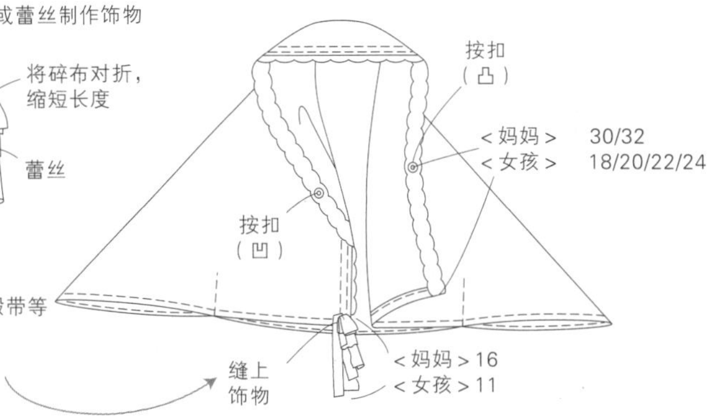

p.54

妈妈的半裙

- **材料**（M/L通用）木棉印花布110cm×140cm　松紧带2cm×70cm
- **完成尺寸**（M/L通用）裙长58cm

裁剪图

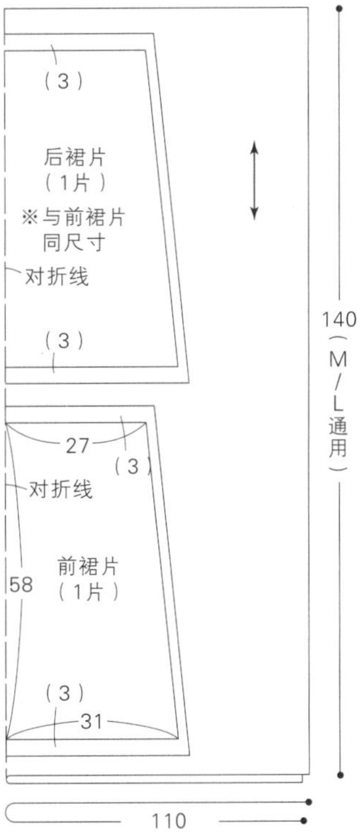

※除指定外，缝份皆为1cm
（　　）内为缝份

缝制顺序

1 参照裁剪图裁剪

5 穿入松紧带（参照P71）

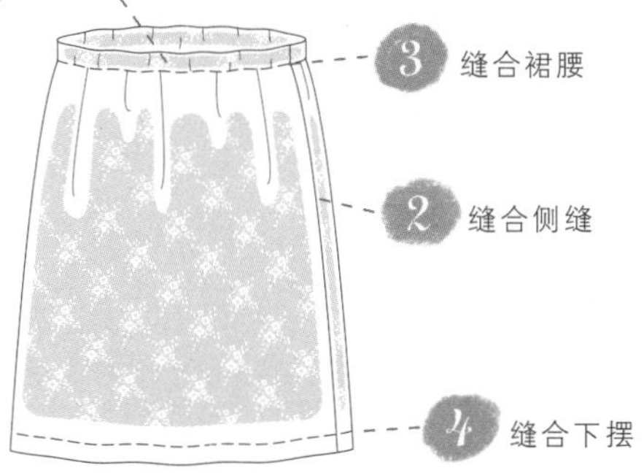

2 缝合两边侧缝
（左侧缝要留下松紧带穿入口）

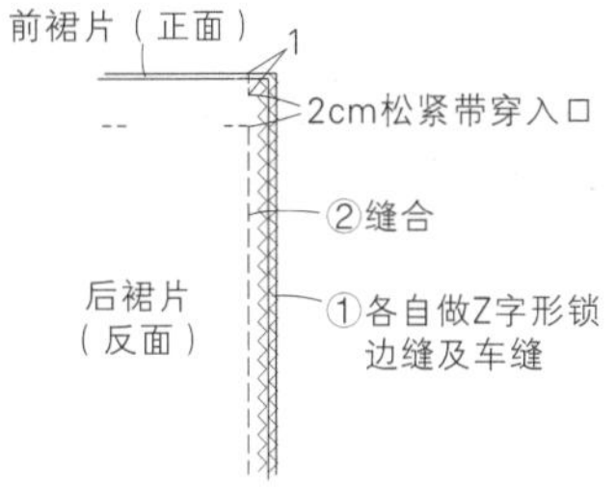

3 裙腰折一折后缝合

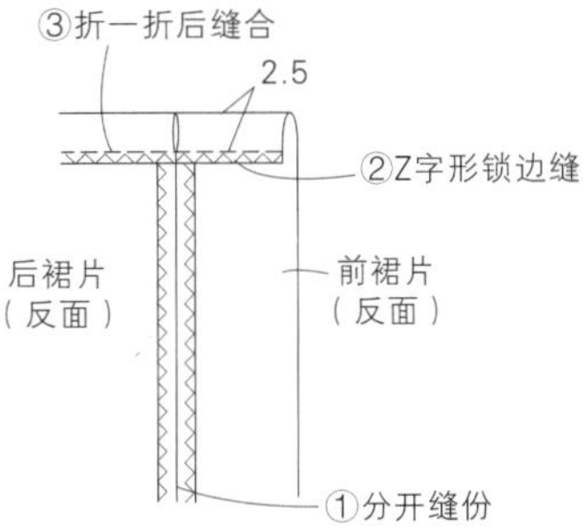

4 下摆折二折后缝合

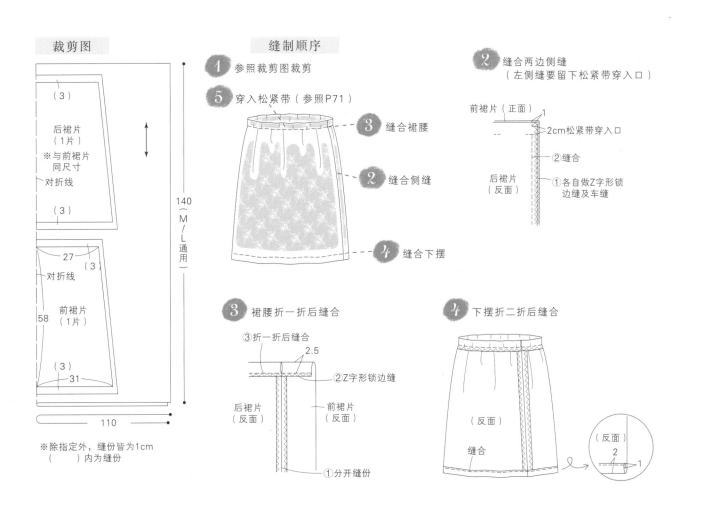

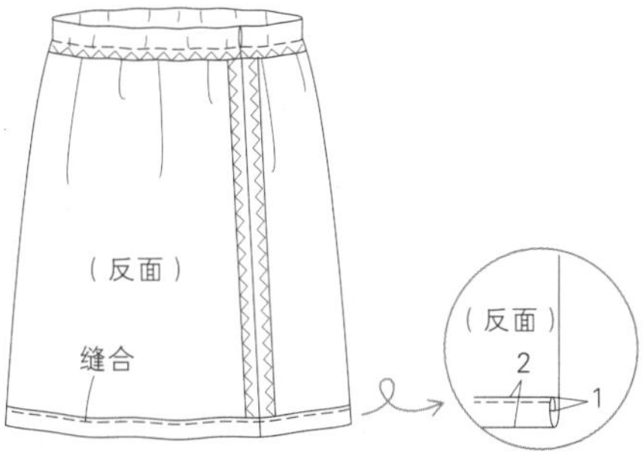

p.56

小女孩的双层裙

● **材料**（100/110/120/130）

方格纹亚麻布110cm×60/70/70/80cm　木棉坯布110cm×40/40/40/60cm

松紧带1.5cm×50/60/60/60cm　直径1.5cm的纽扣2颗　贴布 适量

● **完成尺寸**（100/110/120/130）　裙长 29/32/35/38cm

裁剪图

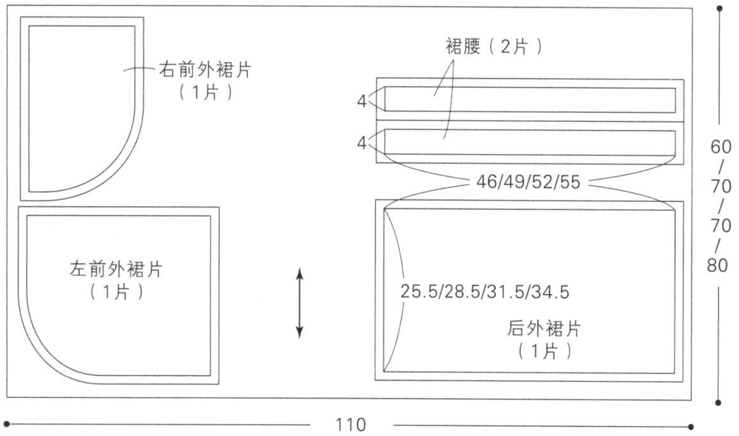

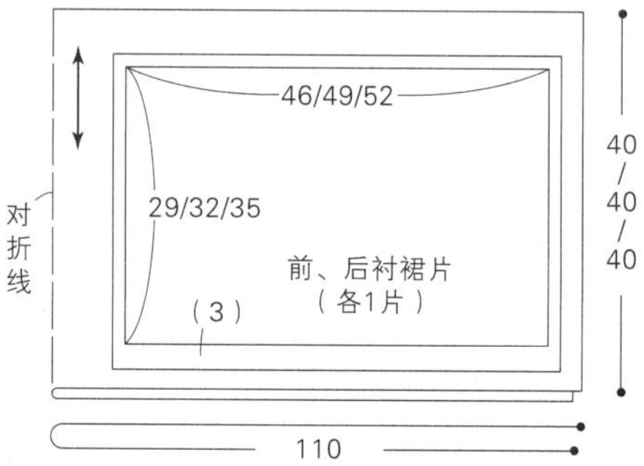

※除指定外，缝份皆为1cm
（　　）内为缝份

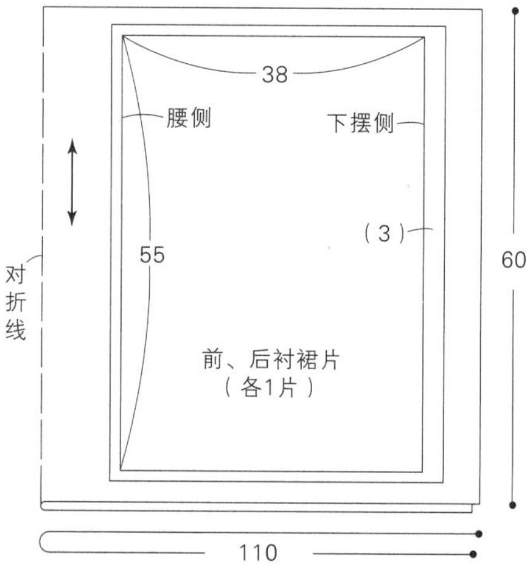

前外裙片制作图

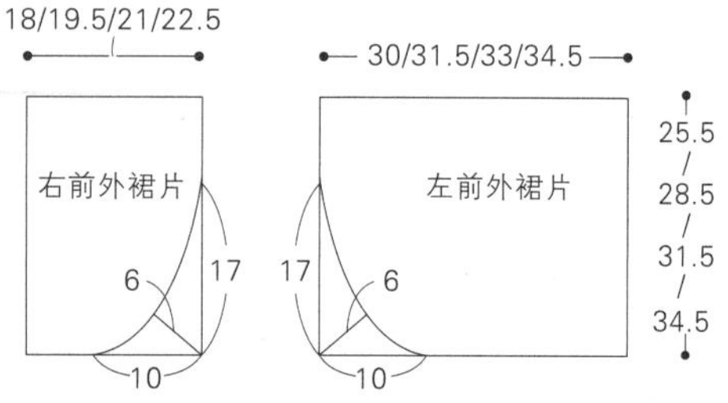

缝制顺序

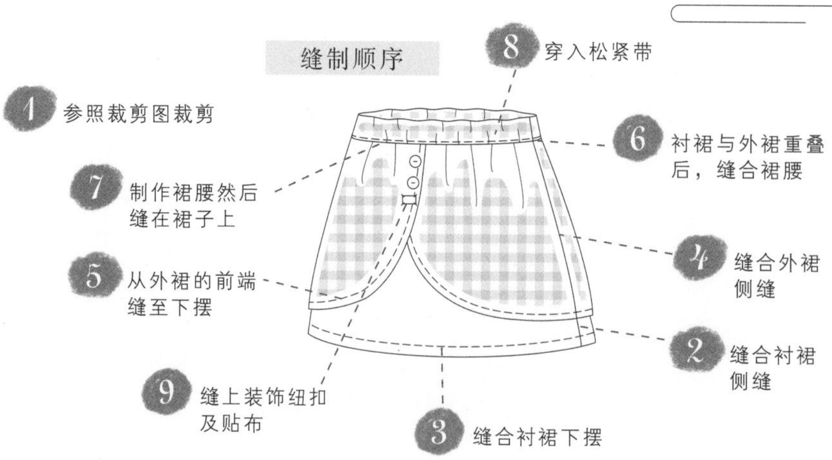

2 缝合衬裙两侧缝，
然后将缝份熨压至后侧

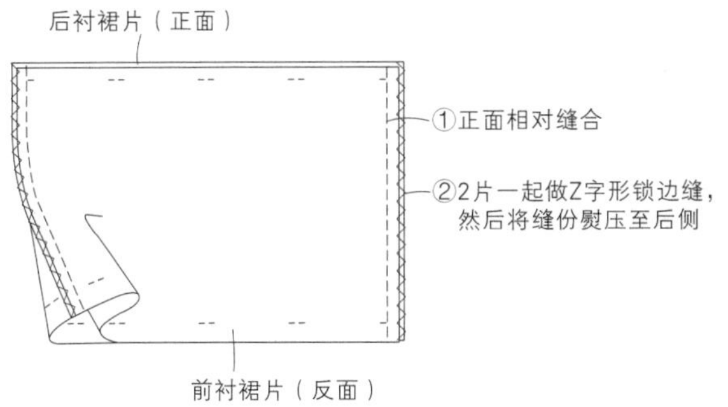

3 将衬裙片的下摆折二折后缝合

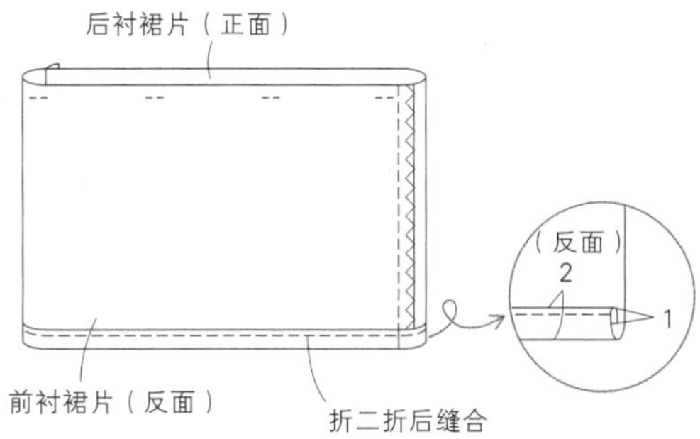

4 缝合外裙片的两侧缝，
然后将缝份熨压至前侧

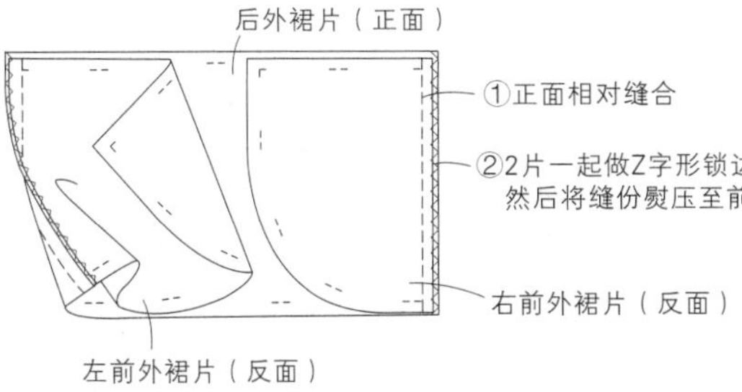

5 从外裙片的前端至下摆处折一折，然后缝合

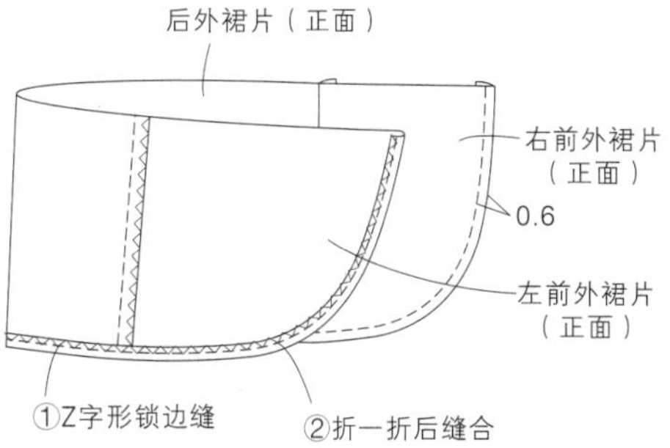

6 将衬裙片与外裙片重叠，
然后暂时固定裙腰

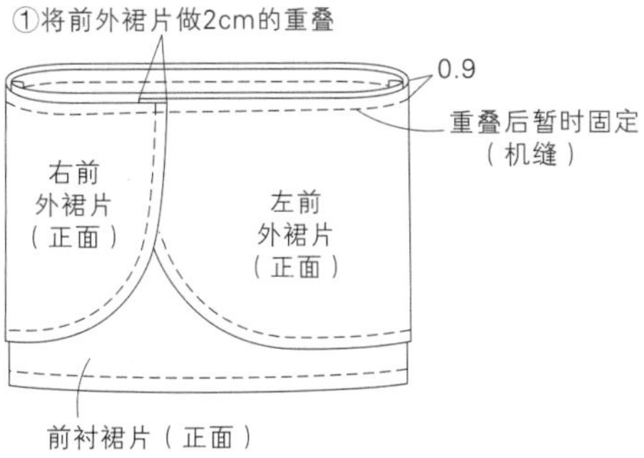

7 制作裙腰，缝在裙子上

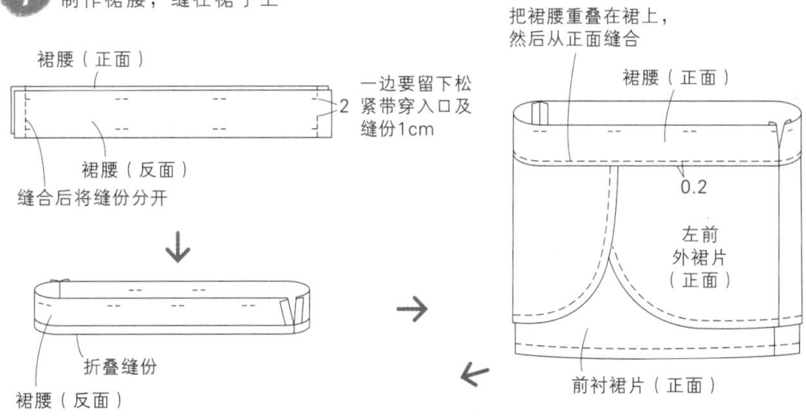

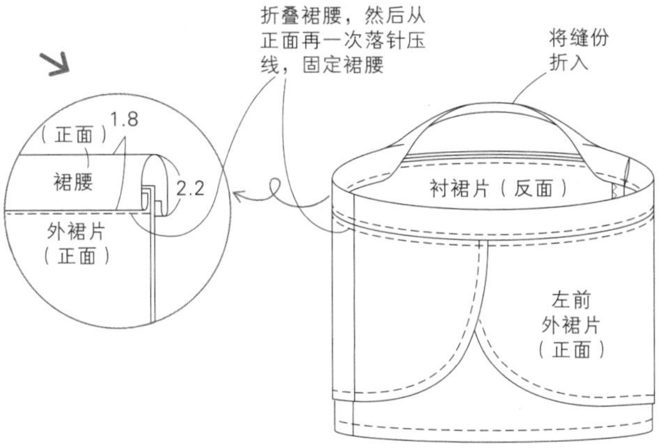

8 把松紧带
穿入腰部

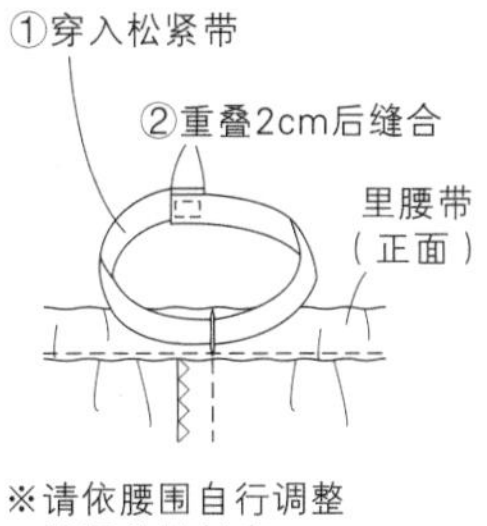

※请依腰围自行调整
松紧带的长度

9 缝上装饰纽扣
及贴布

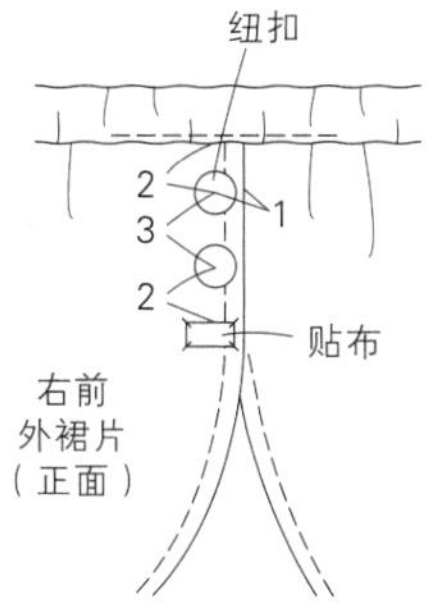

p.55

女孩子的连帽上衣

- **实物大纸型D面**［17］〈1－前身片、2－后身片、3－袖片、4－帽子〉
- **材料**（100/110/120/130）
  小碎花针织布150cm×90/90/100/100cm　木棉坯布110cm×40cm
  针织布用黏合衬10cm×50cm　直径1.5cm的纽扣5颗　※使用针织布专用的针与线
- **完成尺寸**（100/110/120/130）　衣长　40.5/42.5/44/46cm

裁剪图

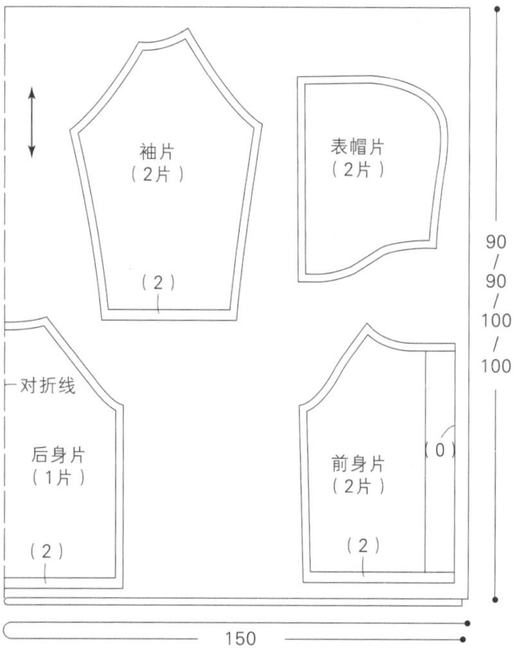

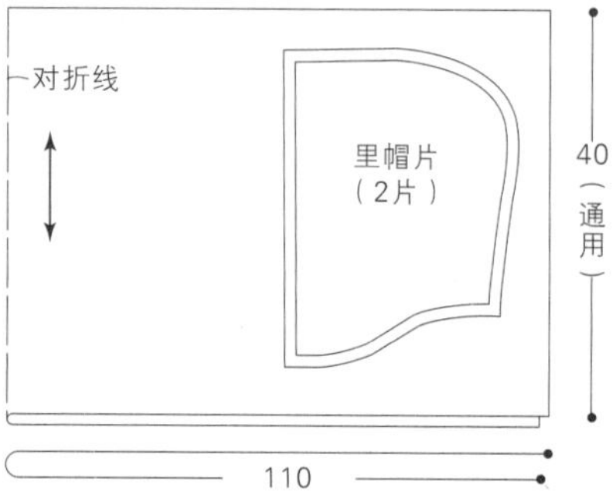

※除指定外，缝份皆为1cm
（　　）内为缝份

缝制顺序

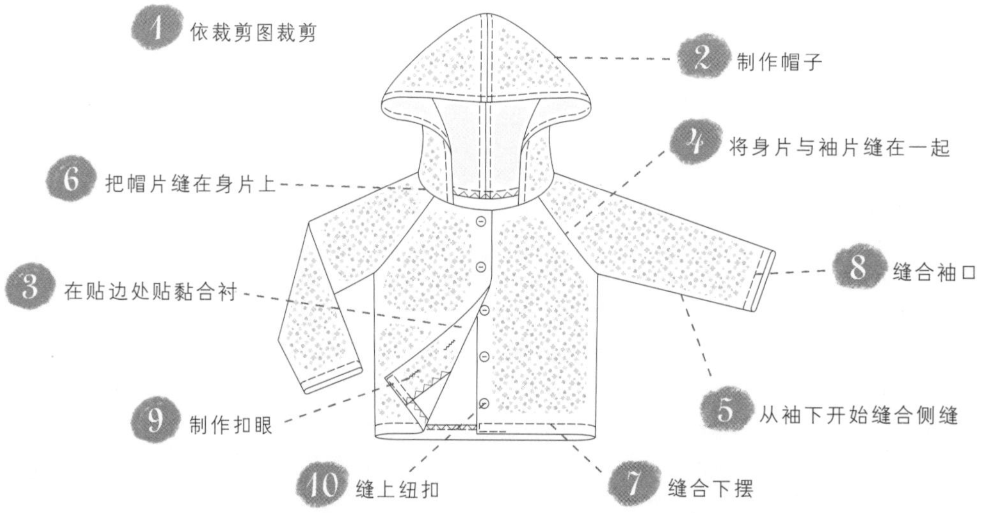

2 制作帽子
表帽片（反面）
正面相对缝合
表帽片
（反面）
分开缝份，由正面压线
0.6
表帽片
（正面）
※里帽片缝法相同
把表帽片与里帽片
正面相对，然后缝合
表帽片
（反面）
里帽片
（反面）
①翻至正面，然后压线
0.4
表帽片
（正面）
里帽片
（正面）
②在连接处
卷针缝
3 在贴边处贴黏合衬
①贴黏合衬
前身片
（反面）
前身片
（反面）
②Z字形锁边缝
4 将身片与袖片
缝在一起
后身片
（反面）
袖片（反面）
前身片
（正面）
前身片
（反面）
袖片（反面）
①正面相对缝合
②2片一起做Z字形锁边缝，
然后将缝份熨至袖侧
※后面也是相同缝法
5 从袖下开始缝制侧缝
袖片（反面）
①正面相对缝合
前身片
（背面）
②2片一起做Z字形
锁边缝，然后将
缝份熨至后侧
后身片（正面）
6 把帽片缝在身片上
③2片一起做Z
字形锁边缝
②缝合
①折叠
贴边
里帽片
（正面）
贴边（反面）
身片
（正面）
贴边（正面）
里帽片
（正面）
前身片
（反面）
将贴边翻至正面，然
后将缝份熨至身片侧
7 缝合下摆
继续车缝
贴边的下摆
贴边
正面
前身片
（反面）
①Z字形锁边缝
0.2
1.7
②折一折后缝合
8 缝合袖口
袖片（反面）
①Z字形
锁边缝
1.7
②折一折后缝合
9 制作扣眼
10 缝上纽扣

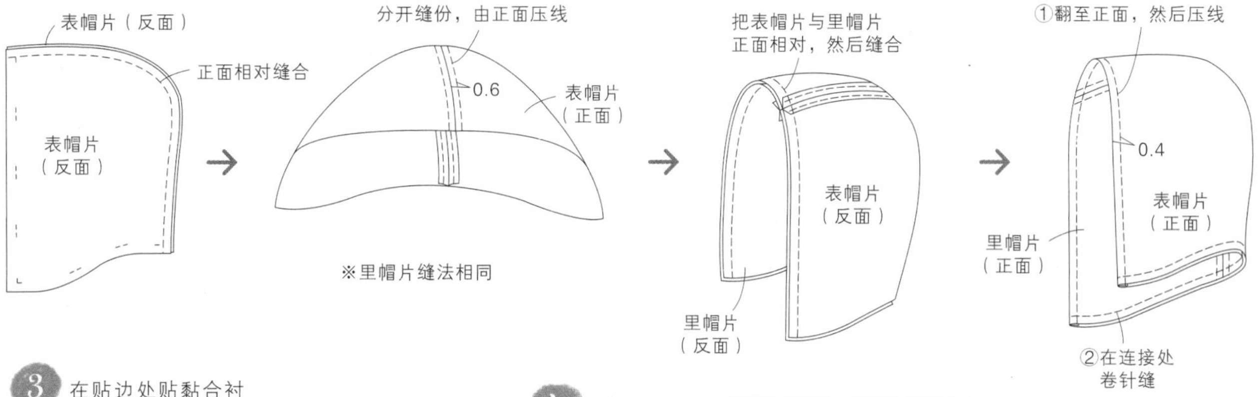

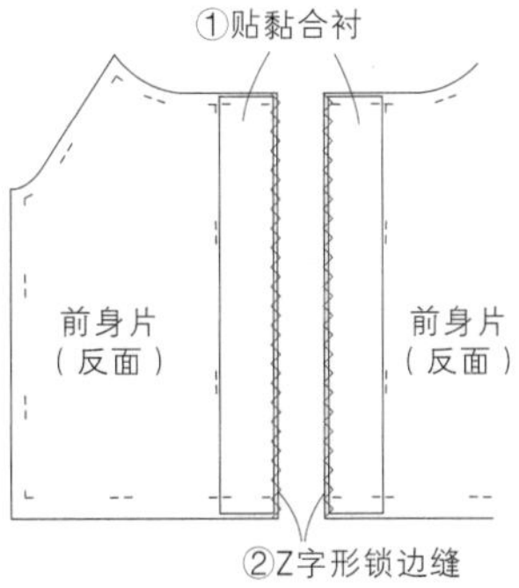

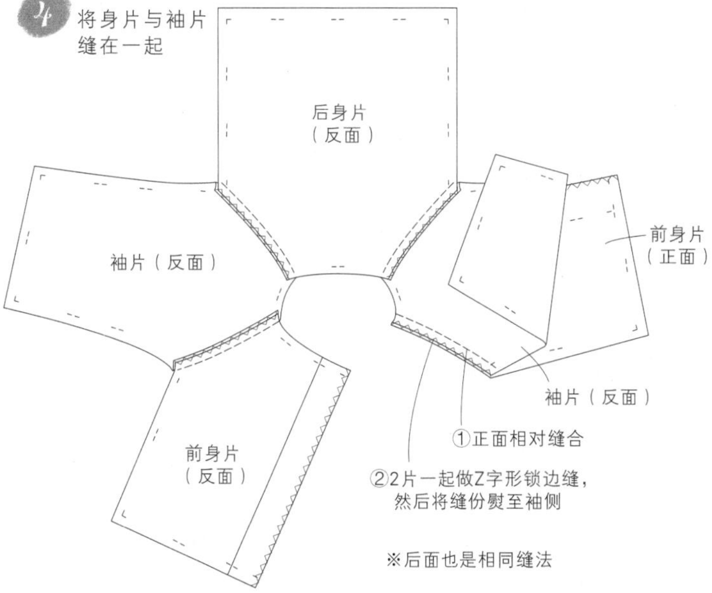

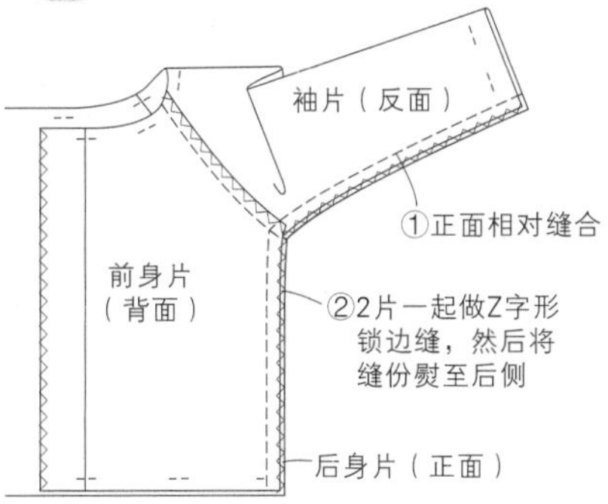

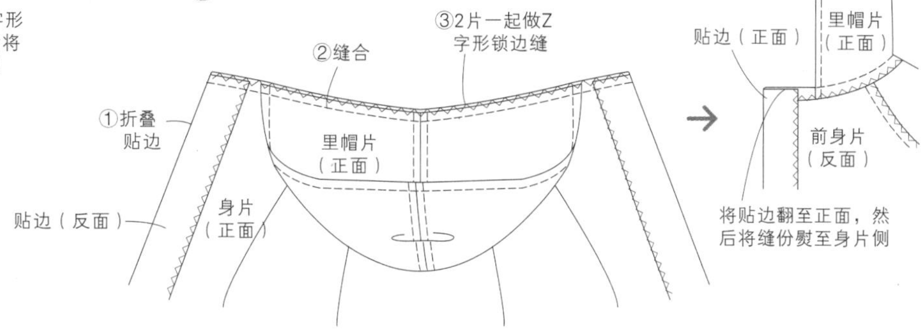

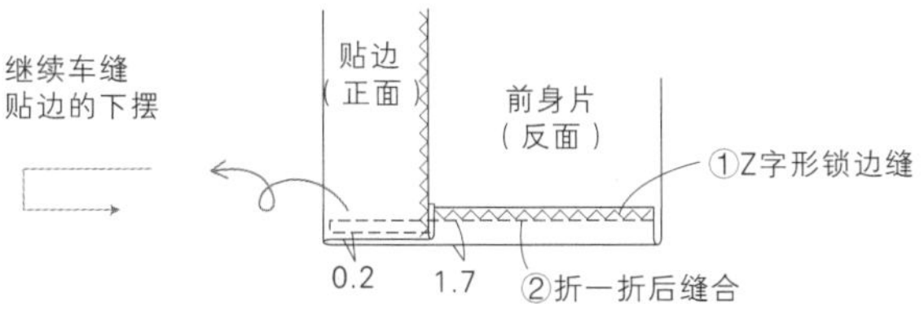

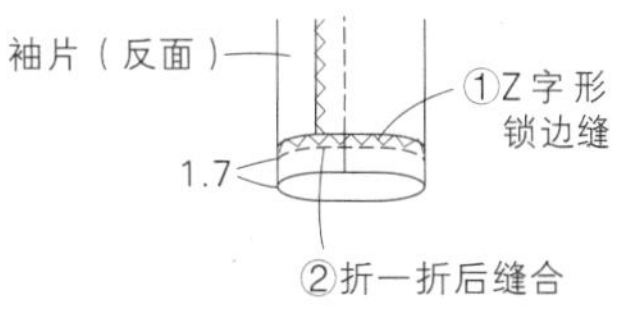

p.17

亲子蛋糕裙

● **女孩的材料**（100/110/120/130） 白色棉麻粗棉布112cm×80/100/110/120cm
蕾丝2cm×120/130/135/140cm 松紧带1.5cm×50/60/60/60cm

● **妈妈的材料**（M/L通用） 白色棉麻粗棉布112cm×200cm 蕾丝2cm×180cm
松紧带1.5cm×70cm

● **完成尺寸**（100/110/120/130、M/L通用）
女孩的裙长 32/34.5/40/45cm 妈妈的裙长 65cm

裁剪图

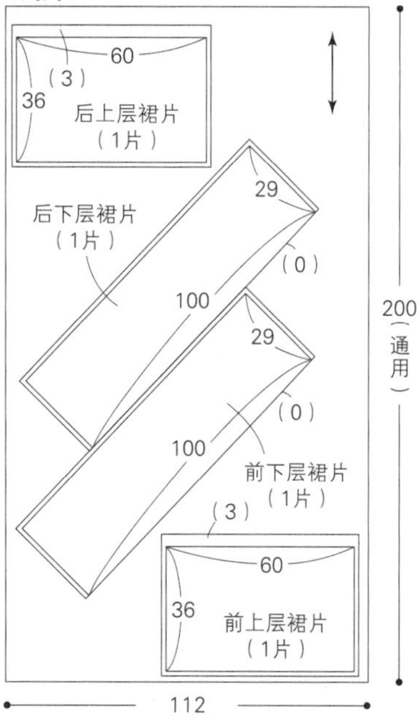

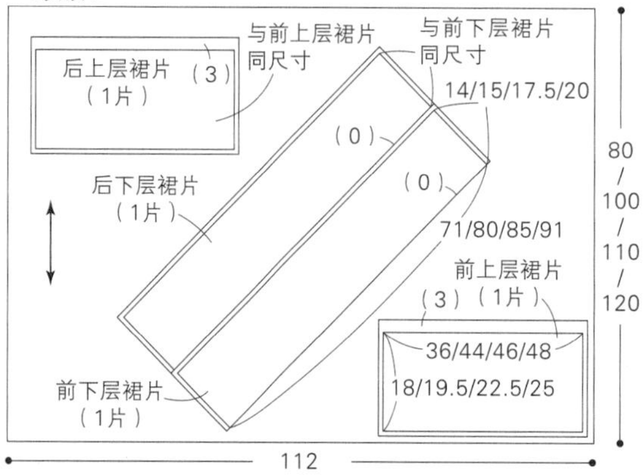

※除指定外，缝份皆为1cm
（ ）内为缝份

缝制顺序

（女孩与妈妈通用）

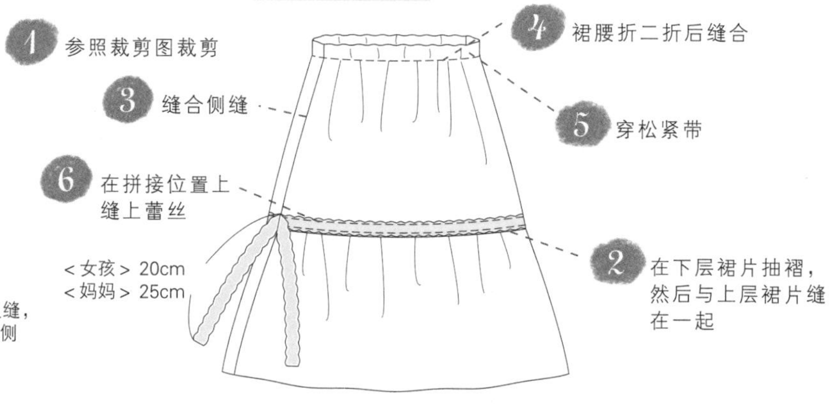

2 在下层裙片抽褶，然后与上层裙片缝在一起

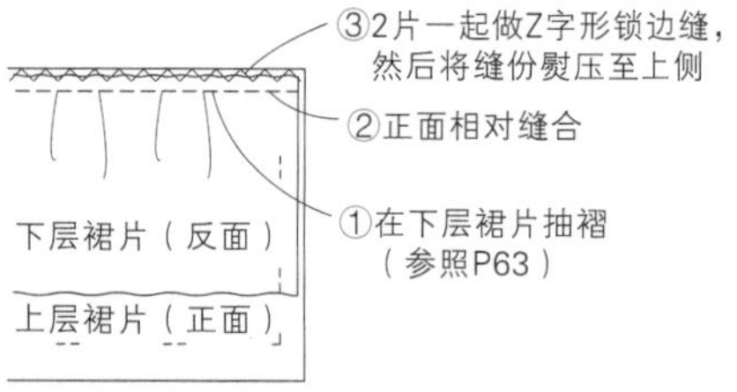

3 缝合侧缝

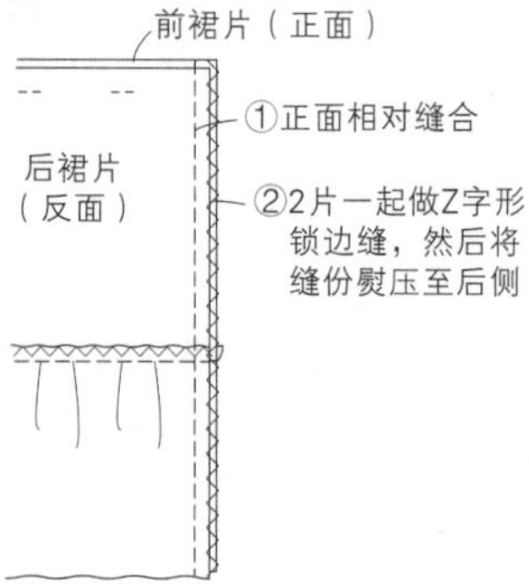

4 裙腰折二折后缝合

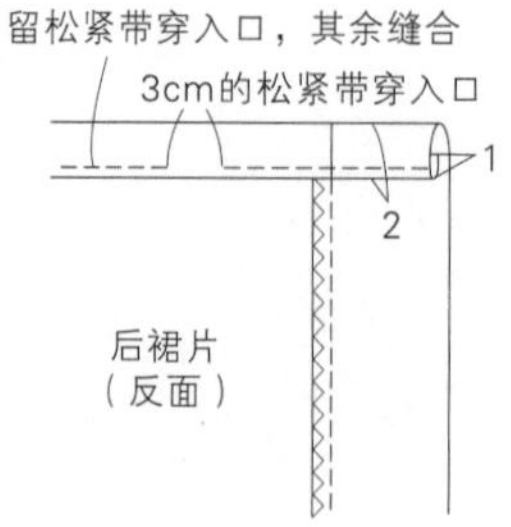

5 穿入松紧带（参照P71），然后缝合穿入口

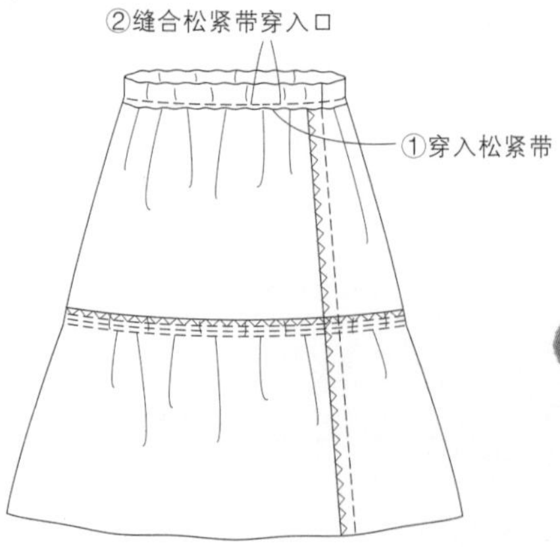

6 在拼接位置上缝上蕾丝（参照上图）

p.15、17

妈妈的围巾与儿童围巾

- **女孩的材料** 亚麻布112cm×35cm 棉布蕾丝4.5cm×110cm 蕾丝1cm×54cm 棉布蕾丝1cm×84cm
- **妈妈的材料** 亚麻纱布140cm×50cm 蕾丝布140cm×20cm 蕾丝0.5cm×140cm 蕾丝3cm×32cm 花片蕾丝 1片
- **完成尺寸** 女孩 35cm×109cm 妈妈 47cm×137cm

缝制顺序 <妈妈>

1 裁剪

2 围巾主体与蕾丝布缝在一起

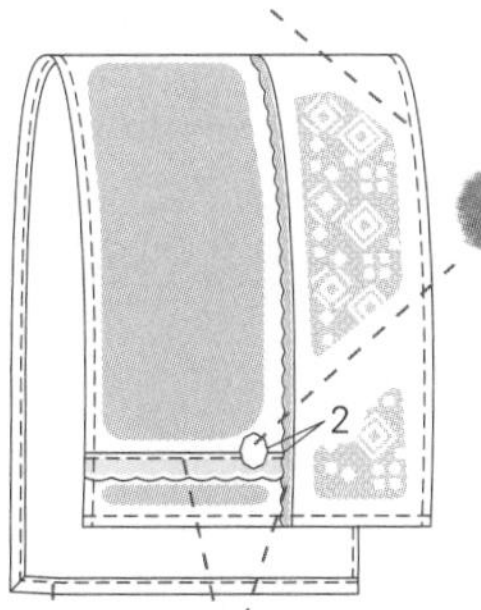

5 将花片蕾丝卷针缝缝在围巾周围

3 将3cm宽的蕾丝、蕾丝布与0.5cm宽的蕾丝缝合

4 将3边折二折后缝合（参照下层3）

1 裁剪 ※裁剪

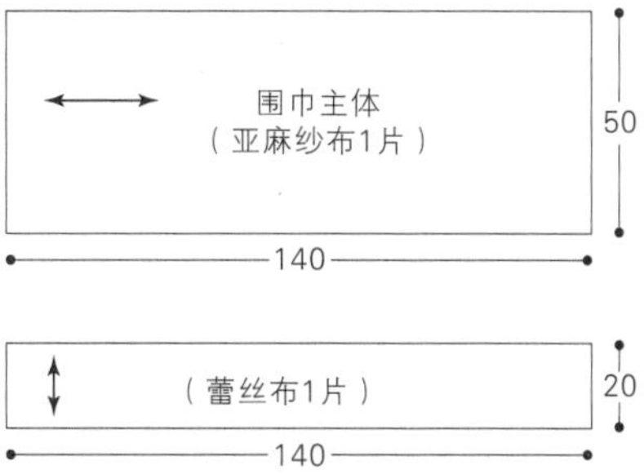

2 在围巾主体的一边缝上蕾丝布

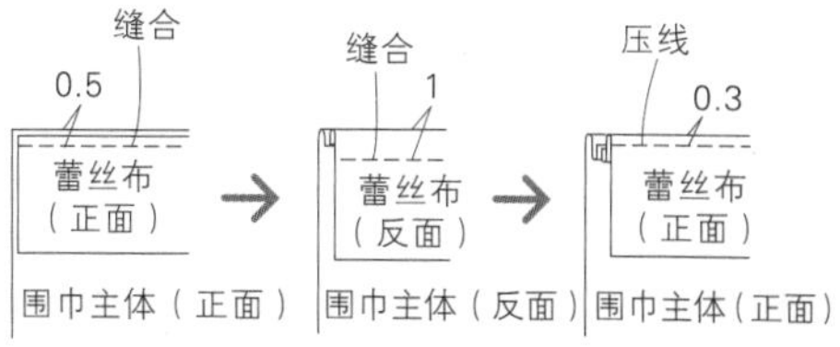

3 将3cm宽的蕾丝、蕾丝布与0.5cm宽的蕾丝缝在围巾主体上

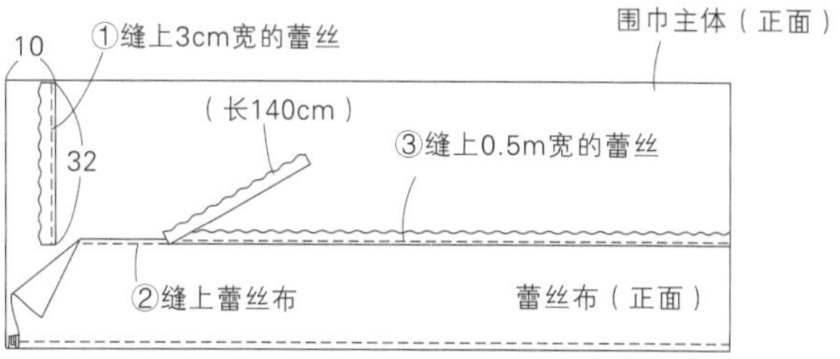

缝制顺序 <女孩>

1 裁剪

2 将围巾主体与棉布蕾丝缝合在一起

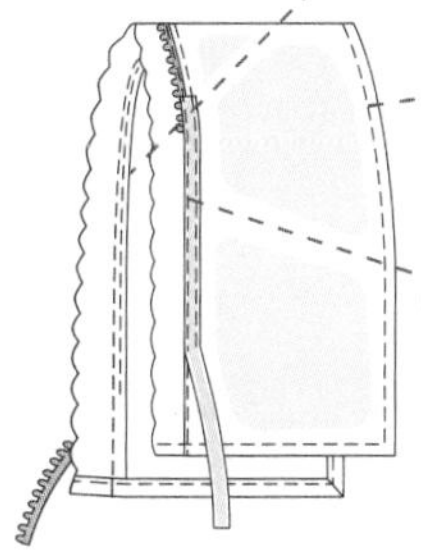

3 把3边折二折后缝合

4 将1cm宽的蕾丝与棉布蕾丝缝在一起

1 裁剪 ※裁剪

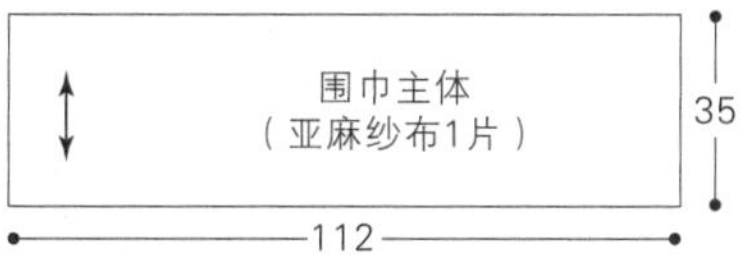

2 把棉布蕾丝缝在围巾主体的一边

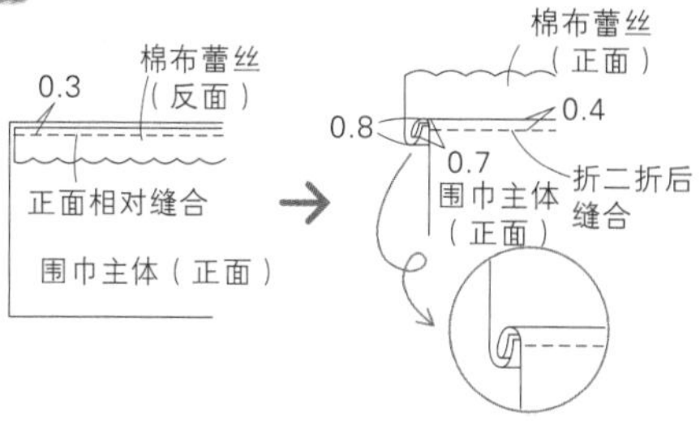

3 把3边折二折后缝合

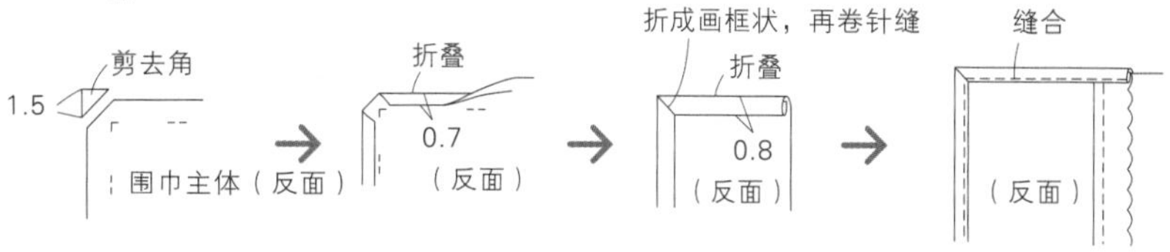

4 把1cm宽的蕾丝与棉布蕾丝接在一起

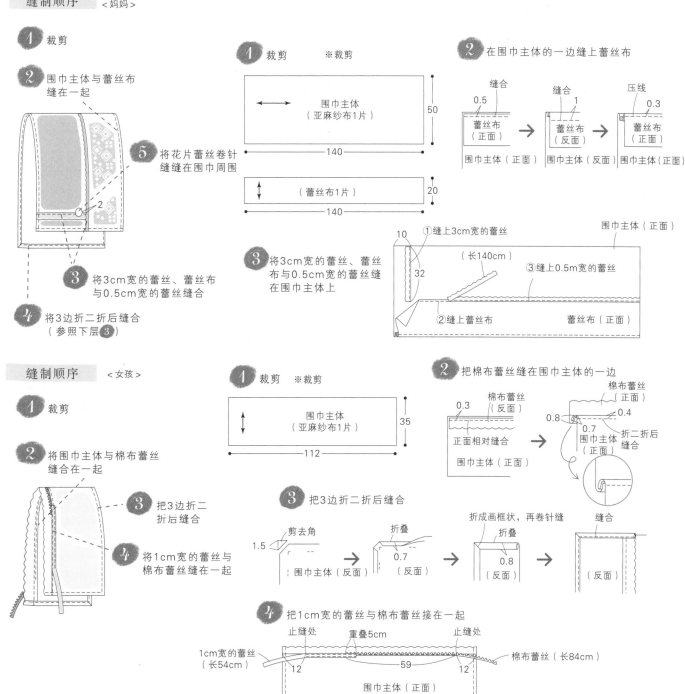

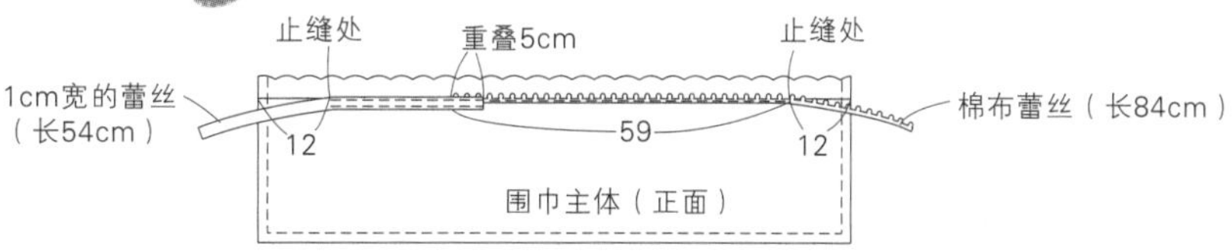

Photographers: JYUNITCHI OKUGAWA.NOBUO SUZUKI.
Original Japanese edition published in Japan by NIHON VOGUE CO., LTD.,
Simplified Chinese translation rights arranged with BEIJING BAOKU INTERNATIONAL CULTURAL DEVELOPMENT Co., Ltd.

著作权合同登记号：图字16-2014-072

图书在版编目（CIP）数据

1天就能完成的棉麻亲子装 / 日本宝库社编著；马淑媛译. —郑州：河南科学技术出版社，2016.4

ISBN 978-7-5349-7374-1

Ⅰ.①1… Ⅱ.①日… ②马… Ⅲ.①服装裁缝 Ⅳ.①TS941.716

中国版本图书馆CIP数据核字（2016）第054590号

出版发行：河南科学技术出版社
地址：郑州市经五路66号 邮编：450002
电话：（0371）65737028 65788613
网址：www.hnstp.cn
策划编辑：刘 欣
责任编辑：刘 瑞
责任校对：耿宝文
封面设计：张 伟
责任印制：张艳芳
印 刷：北京盛通印刷股份有限公司
经 销：全国新华书店
幅面尺寸：213 mm×285 mm 印张：5 字数：120千字
版 次：2016年4月第1版 2016年4月第1次印刷
定 价：39.00元

如发现印、装质量问题，影响阅读，请与出版社联系并调换。